滑模变结构控制
——量化反馈控制方法

郑柏超　郝立颖　著

科学出版社
北　京

内 容 简 介

本书主要阐述量化反馈的滑模变结构控制及容错控制设计的基本内容和方法，介绍国内外相关领域的最新研究成果。本书主要内容：线性不确定系统的鲁棒量化反馈镇定、基于滑动扇区方法的量化状态反馈变结构控制、基于切换滑模变结构控制的平面系统量化反馈镇定、线性系统的量化状态及输出反馈滑模容错控制设计。

本书可作为高等院校控制理论与控制工程及相关专业的研究生教材，也可作为从事量化控制和滑模变结构控制研究的科研人员参考用书。

图书在版编目(CIP)数据

滑模变结构控制：量化反馈控制方法/郑柏超，郝立颖著. —北京：科学出版社，2016.11

ISBN 978-7-03-050306-0

Ⅰ. ①滑… Ⅱ. ①郑…②郝… Ⅲ. ①变结构控制－反馈控制－控制方法 Ⅳ. ①TP273

中国版本图书馆 CIP 数据核字（2016）第 258103 号

责任编辑：张 震 姜 红 / 责任校对：李 影
责任印制：徐晓晨 / 封面设计：无极书装

科学出版社 出版
北京东黄城根北街 16 号
邮政编码：100717
http://www.sciencep.com
北京教图印刷有限公司 印刷
科学出版社发行 各地新华书店经销
*
2016 年 11 月第 一 版 开本：720×1000 1/16
2017 年 1 月第二次印刷 印张：8 7/8
字数：180 000

定价：60.00 元

（如有印装质量问题，我社负责调换）

前　言

滑模变结构控制理论起源于20世纪50年代末，经学术界与工程界半个多世纪的不懈努力，已发展成为一个比较独立、完整的理论体系。特别地，滑模变结构控制技术因对模型不确定性、外部扰动等拥有良好的鲁棒特性，20世纪80年代后期开始被广泛应用于机器人系统、飞行控制系统、电机系统及伺服系统等各类工程系统的控制中。

在当今这个网络化、数字化时代，网络化系统因具有成本低、安装简便、易维护、灵活性强等优点，极大地改变了传统控制系统布线成本高、不易扩展等弊端，在航空航天、设备制造、过程控制、远程医疗、危险及特殊复杂环境等领域获得了广泛应用。特别值得关注的是，网络的引入在给控制实现提供方便的同时，也给控制领域带来了许多新的问题与挑战。例如，在水下通信控制系统中，传输介质的有限传输能力对闭环系统稳定性与性能的影响变得不再可以忽略；又如，在较为复杂的网络控制系统中，往往需要通过一个共享网络将地理空间中广泛分布的网络节点上的数据进行交换，而公共网络的有限传输能力时常会导致网络阻塞现象的发生，从而会对在线控制产生巨大影响。信号量化是上述网络化系统控制设计需要考虑的重要方面之一。

本书针对变结构控制，特别是滑模变结构控制理论设计中的量化问题展开研究。结合构造量化器参数的调节策略，提出一套量化反馈变结构控制及容错控制理论。本书的主要结果均通过严格的数学理论推导给出证明，并结合算例进行仿真验证，是变结构控制理论在网络化时代的发展。

本书的写作是在我的博士指导教师，东北大学信息科学与工程学院杨光红教授的悉心指导下完成的。杨光红教授知识渊博、科研功底深厚，为本书的编写提出了许多指导性与建设性的意见，在此向他表示深深的感谢与敬意。

本书的出版得到国家自然科学基金项目（项目编号：61403207、61503055、61573189）、江苏省自然科学基金项目（项目编号：BK20131000）、中国博士后基金项目（项目编号：2015M580380、2015M571291）、江苏省博士后基金项目（项目编号：1501041B）、江苏省高校优秀科技创新团队计划基金项目——微网智能控制、东南大学复杂工程系统测量与控制教育部重点实验室开放课题基金项目

（项目编号：MCCSE2016A02）、辽宁省博士启动基金（项目编号：201501184）、辽宁省教育厅科学技术一般项目（项目编号：L2014277）、浙江海洋大学“海洋科学”省重中之重学科开放课题（项目编号：20140103）等的资助。

在本书即将出版之际，衷心感谢我的父母、妻子与女儿一直以来的无私关爱和鼎力支持！向所有关心、帮助和支持我的各位师长、朋友和同学表示最崇高的敬意！在撰写本书的过程中，我参考了相关的书籍资料与文献，在此向这些书籍资料和文献的作者表示感谢！

由于作者水平有限，书中难免有不妥和疏漏之处，若蒙读者不吝告知，将不胜感激。

郑柏超

2016 年 5 月 20 日

目　　录

1 绪　论

近年来，由于大量低成本、高性能的数字计算机及数字通信设施，如通信网络等在实际工程中的广泛而深入的应用，控制系统的控制方式呈现由传统的模拟控制方式向数字控制方式转变的趋势。与传统控制方式相比，这些信息处理设施的应用给现代控制带来了无可比拟的优点，如成本低、装配简单、操作方便、安全性能高及便于远程操作等。然而，这些信息处理设施的使用也不可避免地带来了一些问题，如数字计算机本身存在字长有限等精度问题，通信网络则往往受到通信带宽、有限数据率等的困扰。因此，信号量化问题成为这些方面研究的核心问题之一。随着数字计算机与数字通信设施应用领域的不断拓宽，特别是在一些高精尖领域，如军事、医疗、航空航天等的应用，信号量化对系统性能的影响不可忽视。控制系统中信号量化问题的研究已经引起国内外众多控制领域学者与专家的关注。早在 20 世纪 50 年代，控制界就开始注意并分析量化现象导致的系统行为变化问题，如在 1956 年，Kalman 在研究采样时间系统时发现：当系统中存在量化现象时，闭环系统会呈现极限环行为或混沌现象[1]。在 20 世纪 60 年代至 80 年代前期，随着数学上随机理论的发展，控制界的学者将随机的理念引入量化问题的研究中。他们通常将量化看成一个精确的变量与一个扰动量的叠加，并将这个扰动量（量化误差）看成一个随机变量，如满足均匀分布的白噪声等[2, 3]。这一处理方式具有一定的精度，并能很好地避免将量化器当成非线性环节处理的复杂度。20 世纪 90 年代初，Delchamps 在文献[4]中研究量化控制问题时提出真正的数字量化不应仅仅看成系统测量的近似，以及在控制系统的设计过程中可以明确考虑量化的问题，即控制设计可以使用系统的量化信息等。正是这一与传统理念完全不同的处理方式，开辟了量化问题研究的新途径。随着控制界对量化现象认识的不断加强，以及更好的数学工具的使用，量化控制问题的研究呈现非常诱人的态势。自 20 世纪末至今，量化控制问题的研究取得了一系列突破性的研究成果。如著名控制理论专家、IEEE Fellow Brockett 与 Liberzon 在文献[5]中最早研究量化饱和限制的动态量化器的量化参数调节问题，给出时间切换的量化参数的调节策略，通过调节能够实现闭环系统渐近稳定。随后，Liberzon 将结果进一步推广到连续时间非线性系统上[6]。Elia 与 Mitter 在文献[7]中针对单输入离散时间线性系统研究量化反馈二次镇定问题，指出对数量化器是拥有最小量化密度的量化器。紧随其后，澳大利亚纽卡索大学著名学者、IEEE Fellow 付敏跃教授与新加坡南洋理工大学著名学者、IEEE Fellow 谢立华教授合作将上述结论推广到多输入离散时间系统上[8]。这些成果的出现激起了控制界对量化问题研究的更大热情。这时期量化系统的研究涵盖连续时间线性系统[5]、离散时间线性系统[7-17]、非线性系统的量化控制问题[18-22]、采样时间系统[23-26]及网络控制系统[27-39]等。尽管目前量化控制问题的研究已经取得了相当丰富的成果，然而，仍然存在大量亟待解决的问题，如目前所考虑的系统模型过于简单化、理想化，大多数成果都是针对标称系统的，而少有研究带有模型不确定性系统的量化反馈控制问题，特别是采用变结构控制技术的研究成果鲜有发表。实际系统中存在着各种不确定因素，如建模误差、系统内部结构和参数的变化、外部扰动等，使得对带有模型不确定性及外部干扰的系统的量化控制研究更具实际意义。

因此，本书针对带有模型不确定性与外部扰动的系统，通过采用系统的量化信息比较深入地研究滑模变结构控制与容错控制设计问题。选题具有重要的理论意义与工程应用价值，下面对这个主题做简要综述。

1.1 量化控制问题

量化的过程可以认为是编码的过程，这个过程是通过量化器来实现的。量化器可以看成一种装置，能够将集合中的连续信号映射到一个子集中并取分段常值的信号。量化器也可以看成一个编码器，当模拟信号到达数字处理器时，处理器按照一定的编码模式，在保留其主要信息的前提下将其映射为有限精度的值。数字控制系统中的量化现象主要体现在两个方面：控制器本身的量化和反馈控制系统中被控对象与控制器之间连接通道中的信号量化。前者主要是由有限字长表示导致的计算误差与舍入误差，后者则主要包括模数转换（A/D）、数模转换（D/A）引起的量化，以及数字通信网络信号传输引起的量化现象等[40]。典型的量化反馈控制系统如图 1.1 所示。

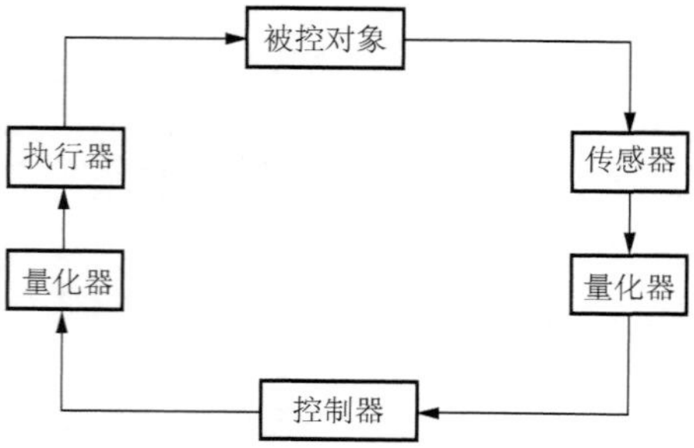

图 1.1　量化反馈控制系统结构图

目前，对于量化控制理论的研究主要集中在以下几个方面。一是静态量化器下的控制问题[7-9, 41-45]，主要包括均匀量化器和对数量化器两种形式。均匀量化器便于工程实践但不能实现渐近稳定；对数量化器能够确保渐近稳定但难于在工程实践中实现，因为其需要无限的量化水平且量化不均匀，通常非均匀的量化方式在实践中都很难应用与实现。二是基于动态量化器的控制问题[5, 6, 46-55]，动态量化器的主要特点是其能够通过量化水平的调节增大量化器的量化范围，也能减小系统处于稳态时极限环的大小，甚至实现渐近稳定。与静态量化器相比，其控制效果更好但结构比较复杂。量化控制研究的第三个方面是最优量化器的设计问题。针对单输入单输出线性系统及多输入多输出线性系统，文献[7]与[8]分别在理论上证明了最粗糙（也称为最小量化密度）的量化器为对数量化器。特别地，文献[8]采用了扇形界方法，这一方法的优势在于能够将量化反馈控制设计问题转化为控制界熟悉的鲁棒控制问题。基于这一思想，一系列的研究成果不断发表[56-63]。此外，基于输入输出关系，文献[64]和文献[65]提出了对输出影响最小的最优量化器设计方法，其主要思想：在相同控制输入前提下，考虑输入-输出增益、误差-输出增益的定量指标，设计的量化器为对系统输出影响最小的量化器。目前，该方面的研究大多局限于离散时间标称系统且对系统附加了较强的限制条件。上述三个方面主要是针对量化器的设计问题。第四个方面是量化控制设计问题。文献[66]考虑输入量化和匹配不确定性的线性系统，对于给定的 H_2 成本函数，给出状态反馈控制器设计方法，其中控制器结构包括线性部分和非线性部分：线性部分用于处理系统模型不确定性；而非线性部分用于解决匹配不确定性及输入量化带来的影响，最终获得渐近稳定。自适应控制方法在量化反馈控制设计中主要考虑线性离散时间系统与连续时间非线性系统[67, 68]。性能指标包括最小量化范围[69-72]、保成本控制[73]、H_∞ 控制[74, 75]等。此外，还有其他量化控制方向的研究成果，如编解码参数的非匹配性下的控制问题[76-78]、多智能体系统的量化控制问题[79]、量化控制中的一致性问题[80-84]等。尽管量化控制问题的研究已经取得了一些可喜的成果，目前仍然存在大量问题尚未得到很好的解决。其中，基于滑模变结构控制方法的量化反馈控制问题就是其中之一。迄今为止，基于滑模变结构控制技术的量化反馈控制设计问题的研究结果较少。较好的结果是文献[85]中针对带有匹配不确定性的单输入单输出线性系统给出的。文献[85]中采用时变滑模面设计的量化反馈变结构状态反馈控制器与输出反馈控制器仅能保证系统状态一致终极有界。如何设计不确定系统的量化反馈变结构控制策略使得系统渐近稳定是一个值得深入研究的课题，也是本书的重要内容之一。

1.2 变结构控制问题

变结构控制是控制系统的一种设计方法，广泛应用于线性与非线性系统问题的解决。经过半个多世纪的研究，变结构控制已成为一种非常重要的处理系统模型不确定性、复杂非线性、强耦合等的鲁棒控制技术。变结构控制的发展大致可分为如下几个阶段。第一阶段为变结构控制的初创时期，变结构控制理论的开创性工作主要是通过采用相平面法研究二阶系统来实现的，主要时间段是 1957～1962 年。1963 年至 20 世纪 70 年代中期为变结构控制发展的第二阶段，这一时期主要研究采用常微分方程表示的高阶线性系统。上述两个阶段的研究主要是由苏联的数学家与控制领域专家完成的。第三阶段一般被人们认为始于 1976 年 Itkis 出版的英文专著[86]及 Utkin 于 1977 年发表的英文综述[87]。在这一时期，变结构控制以其独特的优点与特性引起大批西方学者的研究兴趣，取得了丰硕的理论成果[88-91]。我国已故著名控制理论专家、中国科学院院士高为炳先生及其合作者在这一时期为变结构控制的发展做出了突出的贡献，如提出了变结构控制的趋近律方法。趋近律形式主要包括等速趋近律、指数趋近律、幂次趋近律及一般趋近律等[92]。随着控制界对变结构控制研究的日益深入，对滑模变结构在滑动模态阶段对参数摄动及外部扰动具有不变性的认识的加深，滑模变结构控制开始在世界范围内受到控制领域工作者的广泛关注，并作为一种系统的综合方法被推广到控制系统的各个分支中，如非线性系统、自适应系统、大系统、分布参数系统、时滞系统、随机系统、马尔科夫跳变系统等[93-102]。滑模变结构控制的基本问题体现在下面两个设计过程中：①滑动模态阶段，通过设计适当的滑模函数，使系统在滑模面上的运动具有良好的动态特性；②到达阶段，设计变结构控制律使得自状态空间任一点出发的系统状态都能够在有限时间内到达并保持在滑模面上。第一个阶段的问题通常称为存在性问题，第二个阶段问题的回答则需要通过研究滑动模态的到达条件来获得。当前变结构控制的研究主要集中在如下几个方面。

1.2.1 滑模面设计的研究

这方面的研究主要是提出不同的切换面、采用不同的技术进行滑模面的设计。如高阶滑模面的设计[103, 104]、积分型滑模面的设计[98]、时变滑模面的设计[85, 105]、终端滑模面的设计[106, 107]等。不同类型的滑模面既有优点又不可避免地带有局限性。如高阶滑模面的设计的主要优点在于能够很好地避免采用传统的线性滑模面设计的控制器导致的抖振现象，其主要不足在于滑模面本身的设计过程及控制律的构造复杂、不方便工程应用等。

1.2.2 抖振问题的研究

变结构控制的最大缺点在于可能导致抖振现象的发生，进而会造成对执行器硬件的损伤与破坏。这个问题伴随着变结构控制的每一个发展阶段，一直以来都困扰着变结构控制领域的专家学者。抖振问题的研究主要集中在以下两点：一是从滑模流形入手，给出一些具有避免抖振或降低抖振的滑模流形的设计方法，如高阶滑模面的设计、积分滑模面的设计、时变滑模面的设计等，此外，文献[108]～文献[110]提出的滑动扇区方法给出变结构控制的无抖振的控制器设计方法；二是变结构控制器的设计，即如何设计控制器使其在系统轨迹到达切换面附近时不会出现系统结构的突变，通常文献中大多采用连续化的方法来解决该问题，如饱和函数法、边界层方法等[111, 112]。文献[113]通过仿真比较验证了上述连续化方法在本质上是一致的。此外，通过与新兴的控制理论，如智能控制中的模糊控制、神经网络控制技术的结合进行抖振问题的研究也是很好的思路。

1.2.3 变结构控制的工程应用

变结构控制已经在很多工程实践中得到了应用，飞行控制、发动机控制、机器人控制、电机控制、伺服系统等是变结构控制开展较早也是比较成熟的应用领域[106, 114-118]。21 世纪以来，变结构控制在一些军事领域如导弹制导等方面也得到了应用并取得了显著的效果[119]。如上所述，变结构控制历经半个多世纪的研究，取得了一系列重要的理论研究成果，并在很多工程领域中得到了很好的应用。

1.3 容错控制问题

1.3.1 容错控制的基本概念

容错原本是计算机系统设计技术中的一个概念，指系统在遭受内部环节的局部故障或失效后，仍然可以正常运行的特性。将此概念引入控制系统，产生了容错控制的概念。1971 年，Niederlinski 提出完整性控制（integral control）的概念[120]，将容错控制思想引入控制系统，形成了容错控制系统[121]。所谓的容错控制系统，就是在元部件（或分系统）出现故障时仍具有完成基本功能能力的系统，其科学意义就是要尽量保证动态系统在发生故障时仍然可以稳定运行，并具有可以接受的性能指标。

近年来，国内外很多学者都在容错控制的理论研究和实践应用方面开展了卓有成效的工作，取得了大量的研究成果[121-135]。容错控制是一门应用型交叉学科，其理论基础涉及故障诊断、自适应控制、人工智能、现代控制理论、信号处理、数理统计、决策论、模式识别、最优化方法等各个学科的知识。如今，已有很多的容错控制技术被成功应用于航空航天、核电站、工业机器人及化工过程等领域的控制系统设计中，并且得到了很好的发展[136-140]。

1.3.2 容错控制研究现状及主要研究方法

一个控制系统能够容错的必要条件是系统中存在着冗余，即对执行器的容错需要执行驱动冗余，对传感器的容错需要存在传感测量冗余，对某元器件的容错则需要存在某元器件的功能的冗余。因此，容错控制系统设计的关键是如何预先设计并利用这些冗余来达到容忍故障的目的。容错控制的方案按不同的特征分为硬件冗余和解析冗余的容错控制；按系统分为线性系统和非线性系统的容错控制、确定系统和不确定系统的容错控制；按故障位置的不同分为执行器故障、传感器故障、控制器故障和部件故障的容错控制。其中，最为常用的是按设计方法的特点来分类，即主动容错控制和被动容错控制，如今其已成为现代容错控制研究方法分类的依据，两者各有其特点，在实际系统中都有相关的应用。下面对容错控制技术的研究现状按照上述两大类方法进行概述。

1.3.2.1 被动容错控制方法

被动容错控制的设计思想是针对预知故障设计一个固定控制器来确保闭环系统对故障不敏感，同时保持系统的稳定和性能，是一种相对简单的基于鲁棒控制技术的控制器设计方法。而鲁棒控制技术是 20 世纪 70 年发展起来的[141]，其主要用来解决系统中的参数摄动问题，以保证闭环系统的稳定性并具有较好的性能。如果把系统故障归结为系统参数摄动问题，根据鲁棒控制技术就可以设计容错控制策略。基于这种思想所设计的被动容错控制器的参数一般为常数，不需要获知故障信息，也不需要在线调整控制器的结构和参数。但这种策略的容错能力是有限的，其有效性依赖于原始无故障时系统的鲁棒性。被动容错控制大致可以分为可靠镇定[142-145]、同时镇定[146-149]、完整性[150-155]、可靠控制/鲁棒控制[133,135,156-168]等几种类型。

1.3.2.2 主动容错控制方法

由于被动容错控制中的硬件冗余方式在许多实际控制系统中难以实现，且容错能力有限，利用系统中不同部件在功能上的冗余性来实现故障容错的解析冗余就成为研究的焦点。而主动容错控制就可以利用可用资源和应用硬件冗余或解析冗余实现不期望故障的容错，通过故障调节或信号重构在线调节或重构控制器以保证故障发生后系统的稳定性和性能指标。因此，主动容错控制具有灵活性更大、容错能力更强的特点。目前，一部分主动容错控制需要故障诊断与隔离子系统提供准确的故障信息，而另一部分则不需要故障诊断与隔离子系统，但也需要获知各种故障信息[122]，这种故障信息也可以说是估计信息。因此，主动容错控制方法大体上也可以分为两大类，即故障诊断与隔离方法[143,169-173]和自适应方法[174-187]。其中，基于故障诊断与隔离方法的主动容错控制方法又可细分为控制律重新调度[143,169,170]和控制律重构[170-173]两类。

有关容错控制的详细研究方法，建议读者参阅科学出版社出版的作者的另外一部专著：《基于滑模技术的鲁棒与容错控制》（郝立颖，郑柏超著）。

1.4　本书的主要内容

本书的主要内容是不确定系统的量化反馈滑模变结构控制设计及容错控制设计。采用系统的量化状态或量化输出信息，结合构造的量化参数的静态调节策略，本书提出一套量化反馈滑模变结构控制及容错控制方案。本书主要结果均给出了相应的仿真例子进行验证，其中部分结果应用到了飞行器系统的仿真中，表明本书中结论的可行性与优越性。本书后续部分具体安排如下。

第 2 章为预备知识，介绍一些滑模变结构控制的基本概念与性质，并给出本书中使用的几个引理及一些数学符号。

第 3 章基于滑模变结构控制策略，研究一类单输入线性不确定系统的鲁棒量化反馈镇定问题。本章假设系统的状态信号及输入信号在经数字通信通道传输之前被量化。对于采用的动态量化器，本章给出可调量化参数的一个静态调节策略。通过结合量化参数的调节，设计的滑模变结构控制方案能够确保系统状态到达并保持在期望的滑模面上，改进已有成果中基于复杂的时变滑模面设计控制器却仅能保证状态轨迹到达切换面附近的问题而获得实际稳定的效果。仿真算例进一步验证本章设计方法的有效性与优越性。

第 4 章在第 3 章的基础上，进一步考虑一种基于滑动扇区方法的量化状态反馈变结构控制器设计方法。首先给出一种与滑动扇区有关的量化参数调节方案；然后设计量化反馈变结构控制律保证系统轨迹由状态空间的滑动扇区外进入内扇区，实现闭环系统的二次稳定而不发生抖振现象；最后通过给出的仿真算例进一步验证所提方法的有效性。

第 5 章研究带有量化饱和限制的平面系统量化反馈镇定问题，给出一个新的基于切换方法的滑模变结构量化反馈控制器设计方法。首先，通过引入切换线 $s_1(x)=0$ 与 $s_2(x)=0$，给出一个由扇形区域构成的平面空间的划分，然后在每个划分区间给出量化参数的调节策略。通过结合量化参数的调节，本章提出的滑模变结构量化反馈控制器能够保证状态轨迹到达期望的切换线 $s_0(x)=0$，从而实现系统的全局鲁棒镇定。这样的设计方法既充分利用了滑模变结构控制能有效地克服系统的模型不确定性及外部扰动影响的优点，又满足了量化饱和的要求。最后通过仿真例子结果比较进一步验证本章方法的有效性与优越性。

第 6 章考虑一类多输入线性系统的量化反馈变结构控制设计问题。与第 3 章、第 4 章中研究相比，研究对象从仅包含匹配不确定性的单输入线性系统推广至包括匹配/非匹配不确定性的多输入线性系统，并考虑了量化饱和的要求。

第 7 章研究的对象是带有量化现象的一类线性不确定系统，提出了基于滑模状态反馈的容错控制方案。为了补偿量化误差，在充分考虑故障信息的情况下，给出动态量化器量化参数的调节范围，并设计量化参数调节策略。为了增加设计的灵活性，本章在输入矩阵满秩分解技术的基础上引入了一个参数，与已有结果相比，降低了设计的保守性并扩大了应用范围。结合量化参数的静态调节策略，本章设计的滑模变结构控制律保证了闭环系统的渐近稳定性。

第 8 章在第 7 章的基础上，进一步将结果推广到动态输出反馈的情形中。首先在带有参数调节的矩阵满秩分解技术的基础上，给出由输出信息和补偿器状态构造的滑模面上滑动模态稳定的一个充分条件。在充分考虑故障信息的情况下，给出量化器的量化范围并提出量化参数调节策略，与已有结果相比，降低了设计的保守性。根据滑模变结构控制理论，本章设计的滑模容错控制器可以保证闭环系统的渐近稳定性并具有 H_∞ 性能指标。仿真结果验证本章提出方法的优越性。

2
预 备 知 识

本章主要介绍一些预备知识。首先给出滑模变结构控制的相关概念、基本性质，其次列出后面的章节要用到的重要引理及符号说明。

2.1 滑模变结构控制概念与性质

2.1.1 滑动模态

在系统

$$\dot{x} = f(t,x) \tag{2.1}$$

的状态空间中，有一个切换面 $s(x)=0$，其将状态空间分成两部分：$s(x)>0$ 及 $s(x)<0$。在切换面上的运动点有三种情况，如图 2.1 所示。

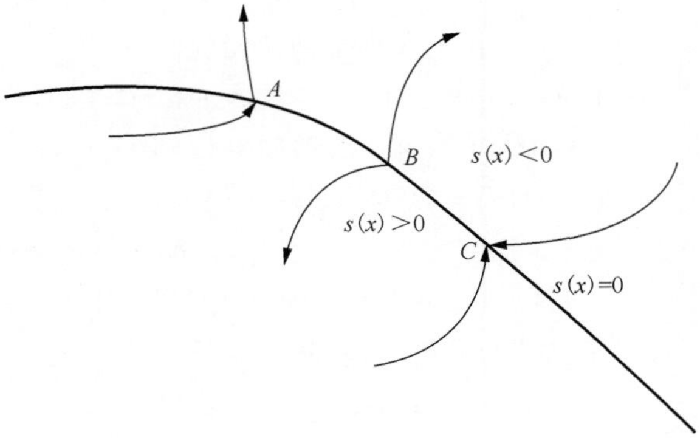

图 2.1 切换面上点的特性

通常点（A）：系统运动点到达切换面 $s(x)=0$ 附近时，穿越此点而过。

起始点（B）：系统运动点到达切换面 $s(x)=0$ 附近时，从切换面的两边离开该点。

终止点（C）：系统运动点到达切换面 $s(x)=0$ 附近时，从切换面的两边趋向于该点。

在滑模变结构中，通常点与起始点没有多大意义，而终止点却有特殊的含义。因为如果在切换面上某一区域内所有的运动点都是终止点，一旦运动点趋近于该区域，就会被“吸引”到该区域运动。此时，称在切换面 $s(x)=0$ 的运动点都是终止点的区域为“滑动模态”区，简称“滑模”区。系统在“滑模”区中的运动叫做“滑模运动”[188]。

按照“滑模”区上的运动点都必须是终止点这一要求，当运动点到达切换面 $s(x)=0$ 附近时，必有

$$\lim_{s\to 0^+}\dot{s}\leqslant 0 \quad 及 \quad \lim_{s\to 0^-}\dot{s}\geqslant 0 \tag{2.2}$$

或

$$\lim_{s\to 0} s\dot{s}\leqslant 0 \tag{2.3}$$

式（2.3）对系统提出了一个形如

$$v(x)=s^2(x) \tag{2.4}$$

的李雅普诺夫函数的必要条件。在切换面邻域内式（2.4）是正定的，而按照式（2.3），$s^2(x)$的导数是负半定的，也就是说在 $s(x)=0$ 附近 $v(x)$是一个非增函数，因此，如果满足条件式（2.3），则式（2.4）是系统的一个李雅普诺夫函数。系统本身也就稳定于条件 $s(x)=0$。

考虑如下的线性系统：

$$\dot{x}=\boldsymbol{A}x+\boldsymbol{B}u \tag{2.5}$$

式中，$x\in R^n$；$u\in R^m$；$\boldsymbol{A}$、$\boldsymbol{B}$ 为适当维数的矩阵。

从理论上讲，系统的状态轨迹一旦到达滑模面 $s(x)=\boldsymbol{C}x=0$，就沿着其运动，即满足 $s(x)=0$ 和 $\dot{s}(x)=0$。从而系统在滑模面 $s(x)=0$ 上时

$$\dot{s}(x)=\boldsymbol{C}\dot{x}=\boldsymbol{C}(\boldsymbol{A}x+\boldsymbol{B}u)=0 \tag{2.6}$$

假设 $\boldsymbol{CB}$ 非奇异，则通过式（2.6）可求得 u。这样求得的形式解 u 可看成将系统状态轨迹保持在滑模面 $s(x)=0$ 上需要施加的“平均控制力”，相关书籍与文献中通常称之为“等效控制”，用符号 u_{eq} 表示。即

$$u_{\mathrm{eq}}=-(\boldsymbol{CB})^{-1}\boldsymbol{CA}x \tag{2.7}$$

将式（2.7）带入式（2.5）得到系统满足的理想滑动模态方程：

$$\dot{x}=\left[\boldsymbol{I}_n-\boldsymbol{B}(\boldsymbol{CB})^{-1}\boldsymbol{C}\right]\boldsymbol{A}x \tag{2.8}$$

2.1.2 到达条件的设计

滑模变结构控制研究的基本目标是设计适当的变结构控制律以保证系统能够到达滑模面，进而实现滑动模态运动。

常规的变结构控制有如下几种设计方法。

（1）常值继电型，即

$$u = u_0 \operatorname{sgn}[s(x)] \tag{2.9}$$

式中，u_0 为待求的常数，求变结构控制的问题就转化为求 u_0 的问题。

（2）非线性值继电型，即

$$u = u_0(x) \operatorname{sgn}[s(x)] \tag{2.10}$$

待求的是非线性函数（单输入系统）$u_0(x)$，或非线性对角阵（多输入系统）$u_0(x)$：

$$u_0(x) = \operatorname{diag}\{u_{01}(x), \cdots, u_{0m}(x)\} \tag{2.11}$$

（3）带连续部分的继电型，即求

$$u = u_{\mathrm{c}}(x) + u_{\mathrm{d}}(x) \operatorname{sgn}[s(x)] \tag{2.12}$$

式中，$u_{\mathrm{c}}(x)$ 是连续函数（单输入系统）或向量（多输入系统）；$u_{\mathrm{d}}(x)$ 为连续函数（单输入系统）或对角阵（多输入系统）。

（4）不同幅值非线性继电型，即求

$$u = \begin{cases} u^+(x), & s(x) > 0 \\ u^-(x), & s(x) < 0 \end{cases} \tag{2.13}$$

式中，$u^+(x) \neq u^-(x)$。

（5）以等效控制为基础的形式，即

$$u = u_{\mathrm{eq}} + u_0 \operatorname{sgn}[s(x)] \tag{2.14}$$

这是以等效控制为基础的变结构控制形式。

（6）逐项变结构的形式，或称为逐项变增益线性反馈，即

$$u_i = \varphi_i x, \quad \varphi_i = [\varphi_{i1}, \cdots, \varphi_{in}] \tag{2.15}$$

式中，

$$\varphi_{ij} = \begin{cases} \alpha_{ij} & s_i x_j > 0 \\ \beta_{ij} & s_i x_j < 0 \end{cases} \tag{2.16}$$

其中，α_{ij}、β_{ij} 为常数，且 $\alpha_{ij} < \beta_{ij}$。

2.1.3 滑模变结构控制的性质

考虑如下一类系统：

$$\dot{x}(t) = \boldsymbol{A}x(t) + \boldsymbol{B}u(t) + \boldsymbol{D}f(t, x) \tag{2.17}$$

式中，$x \in R^n$；$u \in R^m$；$f \in R^l$ 分别为系统的状态向量、控制输入向量及外部扰动与不确定性；$\boldsymbol{A}$、$\boldsymbol{B}$、$\boldsymbol{D}$ 为适当维数的矩阵。下面以系统式（2.17）为例简要介绍变结构控制系统的性质。假设如下的切换面能够保证系统滑动模态具有良好的控制性能：

$$s(x) = \boldsymbol{C}x = 0 \tag{2.18}$$

式中，$\boldsymbol{C} \in R^{m \times n}$。

当系统的不确定性 $f(t,x)$ 满足

$$\left[\boldsymbol{I}_n - \boldsymbol{B}(\boldsymbol{CB})^{-1}\boldsymbol{C}\right]\boldsymbol{D}f = 0 \tag{2.19}$$

时，系统滑动模态方程为

$$\begin{cases} \dot{x}(t) = \left[\boldsymbol{I}_n - \boldsymbol{B}(\boldsymbol{CB})^{-1}\boldsymbol{C}\right]\boldsymbol{A}x(t) \\ s(x) = \boldsymbol{C}x = 0 \end{cases} \tag{2.20}$$

可见，系统的滑动模态方程不受不确定性 $f(t,x)$ 的影响。

条件式（2.19）成立的一个充分条件是

$$\operatorname{rank}\begin{bmatrix}\boldsymbol{B} & \boldsymbol{D}\end{bmatrix} = \operatorname{rank}\begin{bmatrix}\boldsymbol{B}\end{bmatrix} \tag{2.21}$$

通常称式（2.21）为滑模变结构控制系统的不变性条件。

假设矩阵 $\boldsymbol{A}$、$\boldsymbol{B}$ 带有参数不确定性，不妨设

$$\begin{cases} \boldsymbol{A} = \boldsymbol{A}_0 + \Delta\boldsymbol{A} \\ \boldsymbol{B} = \boldsymbol{B}_0 + \Delta\boldsymbol{B} \end{cases} \tag{2.22}$$

式中，$\boldsymbol{A}_0$、$\boldsymbol{B}_0$ 分别为 $\boldsymbol{A}$、$\boldsymbol{B}$ 的标称矩阵；$\Delta\boldsymbol{A}$、$\Delta\boldsymbol{B}$ 为摄动矩阵。可知：

（1）当 $\operatorname{rank}\begin{bmatrix}\boldsymbol{B}_0 & \Delta\boldsymbol{A}\end{bmatrix} = \operatorname{rank}\begin{bmatrix}\boldsymbol{B}_0\end{bmatrix}$ 时，滑模变结构控制系统对 $\Delta\boldsymbol{A}$ 的影响具有不变性；

（2）当 $\operatorname{rank}\begin{bmatrix}\boldsymbol{B}_0 & \Delta\boldsymbol{B}\end{bmatrix} = \operatorname{rank}\begin{bmatrix}\boldsymbol{B}_0\end{bmatrix}$ 时，滑模变结构控制系统对 $\Delta\boldsymbol{B}$ 的影响具有不变性。

滑模变结构控制最吸引人的地方在于其不变性：一旦系统进入滑动模态运动，对系统干扰及参数摄动具有完全的鲁棒性。

2.2 一些引理

下述几个引理在本书的几个主要结果证明中需要用到。

引理 2.1（Barbalat's 引理）[189]：若 $w(t):R \to R$ 为关于 $t \geqslant 0$ 的一致连续函数，如果下列极限

$$\lim_{t \to +\infty} \int_0^t |w(\tau)| \mathrm{d}\tau \tag{2.23}$$

存在并有界，则

$$\lim_{t \to +\infty} w(t) = 0 \tag{2.24}$$

引理 2.2（Hölder 不等式）[66]：对 $\forall \alpha$、$\beta \in R^n$、$p \geqslant 1$、$q \geqslant 1$，下列不等式成立：

$$|\alpha^{\mathrm{T}} \beta| \leqslant |\alpha|_p |\beta|_q, \quad p^{-1} + q^{-1} = 1 \tag{2.25}$$

引理 2.3[190]：给定适当维数的矩阵 $\boldsymbol{\Pi}$、$\boldsymbol{M}$ 和 $\boldsymbol{N}$，其中 $\boldsymbol{\Pi}$ 是对称的，则

$$\boldsymbol{\Pi} + \boldsymbol{M}\boldsymbol{F}(t)\boldsymbol{N} + \boldsymbol{N}^{\mathrm{T}}\boldsymbol{F}^{\mathrm{T}}(t)\boldsymbol{M}^{\mathrm{T}} < 0 \tag{2.26}$$

对所有满足 $\boldsymbol{F}^{\mathrm{T}}\boldsymbol{F} \leqslant \boldsymbol{I}$ 的矩阵 $\boldsymbol{F}$ 成立，当且仅当存在一个常数 $\varepsilon > 0$，使得

$$\boldsymbol{\Pi} + \varepsilon \boldsymbol{M}\boldsymbol{M}^{\mathrm{T}} + \varepsilon^{-1}\boldsymbol{N}^{\mathrm{T}}\boldsymbol{N} < 0 \tag{2.27}$$

引理 2.4（Schur 补引理）[191]：对给定的对称矩阵 $\boldsymbol{S} = \begin{bmatrix} \boldsymbol{S}_{11} & \boldsymbol{S}_{12} \\ \boldsymbol{S}_{12}^{\mathrm{T}} & \boldsymbol{S}_{22} \end{bmatrix}$，其中，$\boldsymbol{S}_{11}$ 是 $r \times r$ 维的，以下三个条件是等价的：

（1）$\boldsymbol{S} < 0$；

（2）$\boldsymbol{S}_{11} < 0$，$\boldsymbol{S}_{22} - \boldsymbol{S}_{12}^{\mathrm{T}}\boldsymbol{S}_{11}^{-1}\boldsymbol{S}_{12} < 0$；

（3）$\boldsymbol{S}_{22} < 0$，$\boldsymbol{S}_{11} - \boldsymbol{S}_{12}\boldsymbol{S}_{22}^{-1}\boldsymbol{S}_{12}^{\mathrm{T}} < 0$。

引理 2.5（Gronwall-Bellman 不等式）[192]：令 $\lambda:[a,b] \to R$ 是连续的并且 $\lambda:[a,b] \to R$ 是非负连续函数。如果对任意的 $a \leqslant t \leqslant b$，连续函数 $y(t):[a,b] \to R$ 满足

$$y(t) \leqslant \lambda(t) + \int_{\alpha}^{t} \gamma(s) y(s) \mathrm{d}s \tag{2.28}$$

则

$$y(t) \leqslant \lambda(t) + \int_{\alpha}^{t} \lambda(s)\gamma(s) \exp\left[\int_{s}^{t} \gamma(\tau)\mathrm{d}\tau\right] \mathrm{d}s \tag{2.29}$$

特别地，如果 $\lambda(t) \equiv \lambda$，则

$$y(t) \leqslant \lambda \exp\left[\int_{\alpha}^{t} \gamma(\tau)\mathrm{d}\tau\right] \tag{2.30}$$

此外，如果 $\gamma(t) \equiv \gamma \geqslant 0$，则

$$y(t) \leqslant \lambda \exp[\gamma(t - \alpha)] \tag{2.31}$$

引理 2.6：假设对于所有的 $\boldsymbol{\rho} \in \varDelta_{\rho_j}$， $j \in I(1,L)$，满足

$$\operatorname{rank}[\boldsymbol{B}_2\boldsymbol{\rho}] = \operatorname{rank}[\boldsymbol{B}_2] = l \tag{2.32}$$

式中，$\boldsymbol{B}_2 \in R^{n\times m}$；$\varDelta_{\rho_j} = \left\{\rho_j \middle| \rho_j = \operatorname{diag}\left\{\rho_1^j, \rho_2^j, \cdots, \rho_m^j\right\}, \rho_i^j \in \left[\underline{\rho}_i^j, \overline{\rho}_i^j\right] \subseteq [0,1]\right\}$。

若 $\boldsymbol{B}_2 = \boldsymbol{B}_{2\mathrm{v}}\boldsymbol{N}$，$\boldsymbol{B}_{2\mathrm{v}} \in R^{n\times l}$，$\boldsymbol{N} \in R^{l\times m}$，且

$$\operatorname{rank}[\boldsymbol{B}_{2\mathrm{v}}] = \operatorname{rank}[\boldsymbol{N}] = l < m \tag{2.33}$$

则一定存在一个正标量 μ，使得对于所有的 $\boldsymbol{\rho} \in \varDelta_{\rho_j}$，$j \in I(1,L)$，不等式

$$\boldsymbol{N}\boldsymbol{\rho}\boldsymbol{N}^{\mathrm{T}} \geqslant \mu\boldsymbol{N}\boldsymbol{N}^{\mathrm{T}} \tag{2.34}$$

成立。（引理 2.6 的证明参见科学出版社出版的专著：《基于滑模技术的鲁棒与容错控制》。）

引理 2.7：对于闭环系统

$$\left.\begin{aligned} \dot{\xi}(t) &= \boldsymbol{A}_{\mathrm{c}}\left(\hat{a}(t),a\right)\xi(t) + \boldsymbol{B}_{\mathrm{c}}\left(\hat{a}(t),a\right)\omega(t), \\ z(t) &= \boldsymbol{C}_{\mathrm{c}}\left(\hat{a}(t),a\right)\xi(t), \qquad \xi(0) = 0 \end{aligned}\right\} \tag{2.35}$$

式中，$\xi(t) \in R^n$ 是系统的状态；$\omega(t) \in L_2[0,\infty)$ 为能量有界的外部扰动；$z(t) \in R^r$ 是系统的被调输出；a 为参数向量；$\hat{a}(t)$ 为要估计的时变参数向量；$\boldsymbol{A}_{\mathrm{c}}\left(\hat{a}(t),a\right)$、$\boldsymbol{B}_{\mathrm{c}}\left(\hat{a}(t),a\right)$ 及 $\boldsymbol{C}_{\mathrm{c}}\left(\hat{a}(t),a\right)$ 是依赖于 a 和 $\hat{a}(t)$ 的时变矩阵。如果存在正定矩阵 $\boldsymbol{P} > 0$ 和正常量 γ_0 使得如下不等式成立：

$$\begin{bmatrix} \boldsymbol{P}\boldsymbol{A}_{\mathrm{c}} + \boldsymbol{A}_{\mathrm{c}}^{\mathrm{T}}\boldsymbol{P} & \boldsymbol{P}\boldsymbol{B}_{\mathrm{c}} & \boldsymbol{C}_{\mathrm{c}}^{\mathrm{T}} \\ * & -\gamma_0^2\boldsymbol{I} & 0 \\ * & * & -\boldsymbol{I} \end{bmatrix} < 0 \tag{2.36}$$

则闭环系统式（2.35）是稳定的，并且其传递函数 $\boldsymbol{T}(s) = \boldsymbol{C}_{\mathrm{c}}(s\boldsymbol{I} - \boldsymbol{A}_{\mathrm{c}})^{-1}\boldsymbol{B}_{\mathrm{c}}$ 满足 $\|\boldsymbol{T}(s)\| < \gamma_0$。

引理 2.8（投影引理）：“设 $\boldsymbol{T}_1$、$\boldsymbol{T}_2$ 和 $\boldsymbol{\varPhi}$ 是给定的适当维数矩阵，且 $\boldsymbol{\varPhi}$ 是对称的，$\boldsymbol{N}_{\mathrm{T}_1}$ 和 $\boldsymbol{N}_{\mathrm{T}_2}$ 分别是核空间 $\ker(\boldsymbol{T}_1)$ 和 $\ker(\boldsymbol{T}_2)$ 的任意一组基向量作为列向量构成的矩阵，则存在矩阵 $\boldsymbol{X}$，使得

$$\boldsymbol{\varPhi} + \boldsymbol{T}_1^{\mathrm{T}}\boldsymbol{X}^{\mathrm{T}}\boldsymbol{T}_2 + \boldsymbol{T}_2^{\mathrm{T}}\boldsymbol{X}\boldsymbol{T}_1 < 0$$

当且仅当

$$\boldsymbol{N}_{\mathrm{T}_1}^{\mathrm{T}}\boldsymbol{\varPhi}\boldsymbol{N}_{\mathrm{T}_1} < 0，\ \boldsymbol{N}_{\mathrm{T}_2}^{\mathrm{T}}\boldsymbol{\varPhi}\boldsymbol{N}_{\mathrm{T}_2} < 0$$

2.3 本书中使用的符号

（1） $\boldsymbol{A}^{\mathrm{T}}$ 表示矩阵 $\boldsymbol{A}$ 的转置。

（2） $\mathrm{rank}[\boldsymbol{A}]$ 表示矩阵 $\boldsymbol{A}$ 的秩。

（3） $\mathrm{He}(\boldsymbol{A})$ 表示 $\mathrm{He}(\boldsymbol{A})=\boldsymbol{A}+\boldsymbol{A}^{\mathrm{T}}$ 。

（4） $\boldsymbol{I}_n$ 表示具有 $n\times n$ 维数的单位矩阵，省略下标表示具有适当维数的单位矩阵。

（5） $*$ 表示一个矩阵中其关于对角线的对称位置上的元素。

（6） $\lambda_{\max}(\boldsymbol{A})$ 表示矩阵 $\boldsymbol{A}$ 的最大特征值。

（7） $\lambda_{\min}(\boldsymbol{A})$ 表示矩阵 $\boldsymbol{A}$ 的最小特征值。

（8） $\det(\boldsymbol{A})$ 表示矩阵 $\boldsymbol{A}$ 的行列式。

（9） $\boldsymbol{A}>(\geqslant)0$ 表示对称矩阵 $\boldsymbol{A}$ 是正定（半正定）的。$\boldsymbol{A}<(\leqslant)0$ 表示对称矩阵 $\boldsymbol{A}$ 是负定（半负定）的。

（10） $\mathrm{diag}\{\cdot\}$ 表示对角矩阵。

（11） $\mathrm{sgn}(\cdot)$ 表示标准的符号函数。

（12） 符号 $\max(a_1,a_2,\cdots,a_m)$ 表示 $a_1,a_2,\cdots,a_m$ 之中的最大值。

（13） 符号 $\lfloor x\rfloor$ 表示不大于 x 的最大整数。

（14） $\overset{\mathrm{def}}{=}$ 为定义符号。

（15） $|x|_p$ 表示向量 x 的 p–范数，即 $|x|_p=\left(|x_1|^p+|x_2|^p+\cdots+|x_n|^p\right)^{\frac{1}{p}}$， $p\geqslant1$ 。当 $p=\infty$ 时， $|x|_\infty=\max_{1\leqslant i\leqslant n}|x_i|$ 。

（16） 对矩阵 $\boldsymbol{X}\in R^{m\times n}$ ， $|\boldsymbol{X}|_p$ 表示矩阵的 p–范数，即 $|\boldsymbol{X}|_p=\sup_{x\neq0}\dfrac{|\boldsymbol{X}x|_p}{|x|_p}$ 。特别地，符号 $|\cdot|$ 分别表示数量的绝对值、向量的欧氏范数，以及矩阵的导入范数。

（17） $I(1,N)$ 表示 $\{1,2,\cdots,N\}$，其中 N 为正整数。

3 一类单输入线性不确定系统的鲁棒量化反馈镇定

3.1 引言

在实际系统中，不确定性是广泛存在的。滑模变结构控制因在保持系统对参数摄动及外部干扰等的不敏感方面的优势，20 世纪 70 年代之后逐渐成为一种流行的鲁棒控制方法，目前已有大量成果发表[87, 193, 194]。滑模变结构控制的本质是在滑动流形的邻域内，系统状态轨迹的速度向量总是指向滑动流形[91]。另外，如第 1 章所述，量化控制问题是 21 世纪以来国际控制界的关注热点[12, 70, 195-204]。而据作者所知，文献[5]与文献[85]为少数考虑量化反馈滑模变结构控制的理论成果。文献[5]中基于滑模变结构技术，研究单输入线性标称系统的量化反馈镇定问题，其作者构造了一个量化器灵敏度参数的动态调节法则来实现系统的渐近稳定，该调节法则要求量化参数必须随时间的变化而连续变化，因工程中难以实现而导致实用性不强。在文献[85]中，其作者针对一类单输入线性不确定能控标准型系统，采用带有饱和要求的静态量化器，获得了闭环系统实际镇定。需要指出的是，在不考虑量化饱和限制的情形下，文献[85]中的设计方案仍然不能保证系统渐近稳定。此外，文献[85]中设计的滑模面与控制器都需要系统初始条件的信息。尽管嵌入系统初始条件的动机是为了使系统从运行开始就处于滑动模态。然而，由于量化的存在，实际效果并不尽如人意。本章将在仿真算例中做进一步的解释说明。

本章的控制目标是采用滑模变结构控制策略研究一类线性不确定系统的鲁棒量化反馈镇定控制设计。主要贡献包括两方面。第一，给出一个量化参数的静态调节策略。与文献[5]中的调节策略相比，本章的设计在实际应用中更便利。第二，结合给出的量化参数的调节法则，以及采用传统的线性切换面设计的滑模变结构控制器，确保到达期望的滑模面，进而保证闭环系统的渐近稳定。改进文献[85]中采用复杂的时变滑模面设计的控制器仅能够保证系统状态到达切换面附近而只获得实际稳定的效果。最后，通过仿真算例进一步表明所提方法的有效性。

3.2 问题描述

考虑如下的一类单输入线性不确定系统：

$$\dot{x} = \boldsymbol{A}x + B\left[u + d(t,x,u)\right] \tag{3.1}$$

式中，$x \in R^n$ 为系统状态；$u \in R$ 为系统的控制输入；$d(t,x,u)$ 为系统的匹配不确定性与外部扰动。本章用到以下假设。

假设 3.1：矩阵对$(\boldsymbol{A}, B)$为能控矩阵对。

假设 3.2：$d(t,x,u)$ 满足 $|d(t,x,u)| \leqslant d_1 + d_2|x| + d_3|u|$，其中，已知常数 d_1、d_2 与 d_3 满足 $d_1 \geqslant 0, d_2 \geqslant 0$ 及 $0 \leqslant d_3 \leqslant 1$。（与假设 3.2 类似的假设在文献中已多次采用。如文献[193]与文献[205]，基于滑模变结构控制技术，对线性不确定系统的鲁棒反馈镇定问题进行了研究。）

假设系统的被控对象和控制器之间由数字通信通道连接。由于通道的数字本质，包括系统状态和控制输入等数据在经通道传输之前需要量化。本章考虑的量化反馈控制系统如图 3.1 所示。由图 3.1 可以看出，状态信号经编码器 E 量化并编码，通过通信通道传送到控制器端。同样，当采用系统量化状态信号设计 v 后，量化控制信号 $u = q_{\mu_1}(v)$ 将在被控对象端被解码器 D_1 解码。为了突出采用滑模变结构控制技术的量化反馈控制设计，与文献[76]处理方式相同，假设在数据传输的过程中没有丢包和时滞等现象发生。

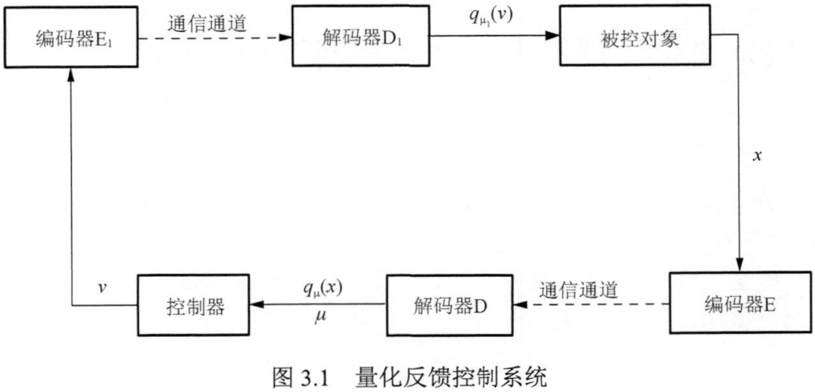

图 3.1 量化反馈控制系统

假设 z 为要量化的变量，量化器可以看成是一个将实值信号转换成分段常值信号的设施。在数学上，其可以定义为取最近整数的函数 $\operatorname{round}(\cdot)$，即

$$q_{\mu}(z) \overset{\text{def}}{=} \mu \cdot \operatorname{round}\left(\frac{z}{\mu}\right), \quad \mu > 0 \tag{3.2}$$

式中，量化器参数 μ 称为量化水平（亦称量化灵敏度）；$q_{\mu}(\cdot)$ 为带有水平 μ 的均匀量化器。记量化误差为

$$e_{\mu} \overset{\text{def}}{=} q_{\mu}(z) - z \tag{3.3}$$

则有

$$|e_{\mu}| = |q_{\mu}(z) - z| \leqslant \Delta\mu \tag{3.4}$$

式中，$\Delta = \dfrac{\sqrt{p}}{2}$，$p$ 为向量 z 的维数。

当参数 μ 固定时，量化器为静态量化器。静态量化器结构简单，从而在实际工程中容易执行。相反，动态量化器拥有时变参数 μ，结构复杂但功能强大。动态量化器有两种形式：动态调节的量化参数和静态调节的量化参数。在工程应用中，静态调节策略更方便执行。

本章在上行通道中采用静态量化器 $q_{\mu_1}(v)$；在下行通道中采用一个带有静态调节量化参数 μ 的动态量化器传输量化状态。对于动态量化器，给出一个特殊的量化水平 $\mu = 0$ 用于处理系统轨迹位于滑模面上的情况。定义如下：

$$q_{\mu}(z) \overset{\text{def}}{=} 0, \quad \mu = 0 \tag{3.5}$$

式中，量化参数 $\mu = 0$ 表示系统轨迹在滑模面上的情况。换句话说，当系统轨迹位于滑模面上时，有 $\mu = 0$。此外，当系统轨迹位于滑模面上时，关系式（3.4）不再保持。因此，$\mu = 0$ 对本章设计的量化反馈到达控制器也不会有任何影响。

3.3 鲁棒量化反馈滑模变结构控制设计

本节给出鲁棒量化反馈滑模变结构控制器的设计方法。滑模变结构控制设计的第一步是设计滑模面使得系统轨迹位于滑模面上时，整个系统动态行为是稳定的并拥有某些期望的性能。系统式（3.1）的存在性问题已经得到了很好的研究，如极点配置法[206]、特征值指派法[87, 207]、基于线性矩阵不等式的方法[97, 208-210]等。假设采用上述提到的某种方法设计如下的线性切换面：

$$s(x) = Cx = [c_1, c_2, \cdots, c_n]x = 0 \tag{3.6}$$

式中，C 是给定的向量且满足 $CB \neq 0$。经过适当选取参数 c_j，$j=1,2,\cdots,n$，确保降阶系统有稳定的特征值。

滑模变结构控制设计第二步是给出反馈控制策略来确保系统的状态轨迹能够到达滑模面并保持滑动模态而不受系统不确定性和干扰的影响。对于系统式（3.1），当不考虑量化时，下列状态反馈控制策略能够保证系统轨迹到达并保持在滑模面 $s(x)=0$ 上：

$$\begin{aligned} u = &-\frac{1}{1-d_3}(CB)^{-1}\left[|C\boldsymbol{A}||x| + |CB|(d_1 + d_2|x|)\right]\operatorname{sgn}\left[s(x)\right] \\ &-\frac{\varepsilon}{1-d_3}(CB)^{-1}\operatorname{sgn}\left[s(x)\right] \end{aligned} \tag{3.7}$$

这是因为

$$\begin{aligned} & d_3|s(x)||CB||u| + d_3 s(x)CBu \\ = & d_3|s(x)||CB|\left|-\frac{1}{1-d_3}(CB)^{-1}\left[|C\boldsymbol{A}||x|\right.\right. \\ & \left.\left.+|CB|(d_1+d_2|x|)\right]\operatorname{sgn}\left[s(x)\right] - \frac{\varepsilon}{1-d_3}(CB)^{-1}\operatorname{sgn}\left[s(x)\right]\right| \\ & + d_3 s(x)CB\left\{-\frac{1}{1-d_3}(CB)^{-1}\left[|C\boldsymbol{A}||x| + |CB|(d_1+d_2|x|)\right]\right\}\operatorname{sgn}\left[s(x)\right] \\ & -\frac{\varepsilon}{1-d_3}(CB)^{-1}\operatorname{sgn}\left[s(x)\right] \\ = & \frac{d_3}{1-d_3}|s(x)||CB|\left\{|CB|^{-1}\left[|C\boldsymbol{A}||x| + |CB|(d_1+d_2|x|)\right]\right\} \\ & -\frac{d_3\varepsilon}{1-d_3}|s(x)| - \frac{d_3}{1-d_3}|s(x)|\left[|C\boldsymbol{A}||x| + |CB|(d_1+d_2|x|)\right] \\ & +\frac{d_3\varepsilon}{1-d_3}|CB||CB|^{-1}|s(x)| \\ = & 0 \end{aligned} \tag{3.8}$$

与

$$\begin{aligned} s(x)\dot{s}(x) &= s(x)\left[C\boldsymbol{A}x + CB(u+d)\right] \\ &\leqslant |s(x)|(|C\boldsymbol{A}||x| + |CB||d|) + s(x)CBu \\ &\leqslant |s(x)|(|C\boldsymbol{A}||x| + |CB||d_1 + d_2|x| + d_3|u||) + s(x)CBu \\ &= d_3|s(x)||CB||u| + d_3 s(x)CBu + |s(x)||C\boldsymbol{A}|\big|x\big| \\ &\quad + |s(x)||CB|(d_1 + d_2|x|) + (1-d_3)s(x)CBu \\ &= |s(x)||C\boldsymbol{A}||x| + |s(x)||CB|(d_1 + d_2|x|) \end{aligned}$$

$$
\begin{aligned}
&+(1-d_3)s(x)CB\left\{-\frac{1}{1-d_3}(CB)^{-1}\left[|CA\|x|\right.\right.\\
&\left.\left.+|CB|(d_1+d_2|x|)\right]\operatorname{sgn}[s(x)]-\frac{\varepsilon}{1-d_3}(CB)^{-1}\operatorname{sgn}[s(x)]\right\}\\
=&-\varepsilon|s(x)|
\end{aligned}
\tag{3.9}
$$

成立。

然而，由于存在量化现象，系统状态和输入信号在控制器的设计中不可直接利用，即上述控制法则式（3.7）不可利用。本章将设计一个带有静态量化参数调节策略的量化反馈控制法则确保系统式（3.1）的状态轨迹到达并保持在期望的切换面 $s(x)=0$ 上。

在给出本章的主要结果之前，首先给出如下的引理。

引理 3.1：固定一个任意的常数 $\beta>0$，假设参数 $\mu>0$ 满足

$$
\mu\leqslant\frac{|Cx|}{(\beta+1)|C|\varDelta}
\tag{3.10}
$$

则不等式

$$
|Ce_\mu|\leqslant|C|\varDelta\mu\leqslant\frac{1}{\beta}|Cq_\mu(x)|
\tag{3.11}
$$

成立。

证明：首先，由式（3.4）可知

$$
|Ce_\mu|\leqslant|C|\varDelta\mu
\tag{3.12}
$$

成立。

下面说明当参数 μ 满足 $0<\mu\leqslant\frac{|Cx|}{(\beta+1)|C|\varDelta}$ 时，不等式 $|C|\varDelta\mu\leqslant\frac{1}{\beta}|Cq_\mu(x)|$ 成立。

在式（3.10）的两边同乘 $(\beta+1)|C|\varDelta$，得

$$
|Cx|\geqslant(\beta+1)|C|\varDelta\mu
\tag{3.13}
$$

在式（3.13）两边同减 $|C|\varDelta\mu$，得

$$
|Cx|-|C|\varDelta\mu\geqslant\beta|C|\varDelta\mu
$$

进一步，结合式（3.12）有

$$
|Cx|-|Ce_\mu|\geqslant\beta|C|\varDelta\mu
$$

根据三角基本不等式

$$
|a-b|\geqslant|a|-|b|,\forall a\in R,b\in R
\tag{3.14}
$$

可知

$$
|Cx+Ce_\mu|\geqslant|Cx|-|Ce_\mu|\geqslant\beta|C|\varDelta\mu
$$

利用关系 $q_{\mu}(x)=x+e_{\mu}$ 得

$$|Cq_{\mu}(x)|\geqslant\beta|C|\Delta\mu \tag{3.15}$$

结合式（3.12）与式（3.15），可得式（3.11）成立。

证毕。

显然当系统的状态轨迹不在滑模面 $Cx=0$ 上时，Ce_{μ} 和 $Cq_{\mu}(x)$ 之间的大小关系可能为 $|Ce_{\mu}|<|Cq_{\mu}(x)|$，$|Ce_{\mu}|>|Cq_{\mu}(x)|$ 或者 $|Ce_{\mu}|=|Cq_{\mu}(x)|$。由引理 3.1 能够看出，当满足式（3.10）时，式（3.11）成立。换句话说，当设计量化参数 μ 的调节法则满足式（3.10）时，不等式（3.11）成立。式（3.11）在定理 3.1 的证明中将起非常重要的作用。满足条件式（3.10）的量化参数 μ 的静态调节法则将在定理 3.1 证明之后给出。

下面给出滑模变结构控制到达控制律的设计。

定理 3.1：对于满足假设 3.1 和假设 3.2 的线性不确定系统式（3.1），当量化参数 μ 满足式（3.10）时，构造控制器

$$\begin{aligned}v=&-\frac{\beta+1}{\beta-m}(CB)^{-1}\Big[|C\boldsymbol{A}q_{\mu}(x)|+|C\boldsymbol{A}|\Delta\mu+|CB|\Delta_1\mu_1\\&+|CB|(d_1+d_2|q_{\mu}(x)|+d_2\Delta\mu+d_3\Delta_1\mu_1)\Big]\operatorname{sgn}\big[Cq_{\mu}(x)\big]\\&-\frac{\beta\varepsilon}{\beta-m}(CB)^{-1}\operatorname{sgn}\big[Cq_{\mu}(x)\big]\end{aligned} \tag{3.16}$$

能够保证系统状态到达并保持在滑模面 $s(x)=0$ 上，式中，$m=1+(\beta+1)d_3$；$\beta>\dfrac{1+d_3}{1-d_3}$；$\varepsilon>0$。

证明：由式（3.4）及 $u=q_{\mu_1}(v)$ 可知，$e_{\mu_1}=q_{\mu_1}(v)-v=u-v$。从而 $u=q_{\mu_1}(v)=v+e_{\mu_1}$。$s(x)$ 沿着系统轨迹式（3.1）关于时间 t 的导数为

$$\begin{aligned}\dot{s}(x)&=C\dot{x}\\&=C\big[\boldsymbol{A}x+B(u+d)\big]\\&=C\big[\boldsymbol{A}x+B(v+e_{\mu_1}+d)\big]\end{aligned}$$

结合 $x=q_{\mu}(x)-e_{\mu}$，易得

$$\begin{aligned}\dot{s}(x)&=C\big[\boldsymbol{A}(q_{\mu}(x)-e_{\mu})+B(v+e_{\mu_1}+d)\big]\\&=C\big[\boldsymbol{A}q_{\mu}(x)-\boldsymbol{A}e_{\mu}+Bv+Be_{\mu_1}+Bd\big]\end{aligned}$$

进而可得

$$
\begin{aligned}
s(x)\dot{s}(x) &= (Cx)C\left[\boldsymbol{A}q_{\mu}(x)-\boldsymbol{A}e_{\mu}+Bv+Be_{\mu_1}+Bd\right] \\
&= C\left[q_{\mu}(x)-e_{\mu}\right]\left\{C\left[\boldsymbol{A}q_{\mu}(x)-\boldsymbol{A}e_{\mu}+Bv+Be_{\mu_1}+Bd\right]\right\} \\
&= Cq_{\mu}(x)\left\{C\left[\boldsymbol{A}q_{\mu}(x)-\boldsymbol{A}e_{\mu}+Bv+Be_{\mu_1}+Bd\right]\right\} \\
&\quad -Ce_{\mu}\left\{C\left[\boldsymbol{A}q_{\mu}(x)-\boldsymbol{A}e_{\mu}+Bv+Be_{\mu_1}+Bd\right]\right\}
\end{aligned}
$$

由式（3.11）和不等式$\left|e_{\mu}\right| \leqslant \Delta\mu$和$\left|e_{\mu_1}\right| \leqslant \Delta_1\mu_1$，得

$$
\begin{aligned}
s(x)\dot{s}(x) &\leqslant Cq_{\mu}(x)\left[C\boldsymbol{A}q_{\mu}(x)-C\boldsymbol{A}e_{\mu}+CBv+CBe_{\mu_1}+CBd\right] \\
&\quad +\frac{1}{\beta}|Cq_{\mu}(x)||C\boldsymbol{A}q_{\mu}(x)-C\boldsymbol{A}e_{\mu}+CBv+CBe_{\mu_1}+CBd| \\
&\leqslant \frac{\beta+1}{\beta}|Cq_{\mu}(x)||C\boldsymbol{A}q_{\mu}(x)|+\frac{\beta+1}{\beta}|Cq_{\mu}(x)||C\boldsymbol{A}|\Delta\mu \\
&\quad +\frac{\beta+1}{\beta}|Cq_{\mu}(x)||CB|\Delta_1\mu_1+\frac{\beta+1}{\beta}|Cq_{\mu}(x)||CB||d| \\
&\quad +\frac{1}{\beta}|Cq_{\mu}(x)||CBv|+Cq_{\mu}(x)CBv
\end{aligned}
$$

根据假设 3.2，当系统轨迹位于滑模面之外时

$$
\left|d(t,x,u)\right| \leqslant d_1+d_2|x|+d_3|u|=d_1+d_2(|q_{\mu}(x)-e_{\mu}|)+d_3|u|
$$

从而可得

$$
\begin{aligned}
s(x)\dot{s}(x) &\leqslant \frac{\beta+1}{\beta}|Cq_{\mu}(x)||C\boldsymbol{A}q_{\mu}(x)|+\frac{\beta+1}{\beta}|Cq_{\mu}(x)||C\boldsymbol{A}|\Delta\mu \\
&\quad +\frac{\beta+1}{\beta}|Cq_{\mu}(x)||CB|\Delta_1\mu_1+\frac{\beta+1}{\beta}|Cq_{\mu}(x)||CB| \\
&\quad \times\left[d_1+d_2(|q_{\mu}(x)|+\Delta\mu)+d_3|u|\right] \\
&\quad +\frac{1}{\beta}|Cq_{\mu}(x)||CBv|+Cq_{\mu}(x)CBv
\end{aligned}
$$

注意到$\left|u\right|=|q_{\mu_1}(v)|=|v+e_{\mu_1}|\leqslant|v|+\Delta_1\mu_1$，可知

$$
\begin{aligned}
s(x)\dot{s}(x) &\leqslant \frac{\beta+1}{\beta}|Cq_{\mu}(x)||C\boldsymbol{A}q_{\mu}(x)|+\frac{\beta+1}{\beta}|Cq_{\mu}(x)||C\boldsymbol{A}|\Delta\mu \\
&\quad +\frac{\beta+1}{\beta}|Cq_{\mu}(x)||CB|\Delta_1\mu_1+\frac{\beta+1}{\beta}|Cq_{\mu}(x)||CB| \\
&\quad \times\left[d+d_2(|q_{\mu}(x)|+\Delta\mu)+d_3||v|+d_3\Delta_1\mu_1|\right] \\
&\quad +\frac{1}{\beta}|Cq_{\mu}(x)||CBv|+Cq_{\mu}(x)CBv
\end{aligned}
$$

由于 $m=1+(\beta+1)d_3$，易得

$$
\begin{aligned}
s(x)\dot{s}(x) \leqslant & \frac{\beta+1}{\beta}|Cq_\mu(x)||CAq_\mu(x)|+\frac{\beta+1}{\beta}|Cq_\mu(x)||CA|\Delta\mu \\
& +\frac{\beta+1}{\beta}|Cq_\mu(x)||CB|\Delta_1\mu_1+\frac{\beta+1}{\beta}|Cq_\mu(x)||CB| \\
& \times\left[d_1+d_2(|q_\mu(x)|+\Delta\mu)+d_3\Delta_1\mu_1\right] \\
& +\frac{m}{\beta}|Cq_\mu(x)||CB||v|+Cq_\mu(x)CBv \\
= & \frac{\beta-m}{\beta}Cq_\mu(x)CBv+\frac{\beta+1}{\beta}|Cq_\mu(x)||CAq_\mu(x)| \\
& +\frac{\beta+1}{\beta}|Cq_\mu(x)||CA|\Delta\mu+\frac{\beta+1}{\beta}|Cq_\mu(x)||CB|\Delta_1\mu_1 \\
& +\frac{\beta+1}{\beta}|Cq_\mu(x)|\times|CB|\left[d_1+d_2(|q_\mu(x)|+\Delta\mu)d_3\Delta_1\mu_1\right] \\
& +\frac{m}{\beta}|Cq_\mu(x)||CB||v|+\frac{m}{\beta}Cq_\mu(x)CBv
\end{aligned}
\tag{3.17}
$$

由式（3.16）可知

$$
\begin{aligned}
& \frac{\beta-m}{\beta}Cq_\mu(x)CBv+\frac{\beta+1}{\beta}|Cq_\mu(x)||CAq_\mu(x)| \\
& +\frac{\beta+1}{\beta}|Cq_\mu(x)||CA|\Delta\mu+\frac{\beta+1}{\beta}|Cq_\mu(x)||CB|\Delta_1\mu_1 \\
& +\frac{\beta+1}{\beta}|Cq_\mu(x)||CB|\times\left[d_1+d_2(|q_\mu(x)|+\Delta\mu)+d_3\Delta_1\mu_1\right] \\
= & \frac{\beta-m}{\beta}Cq_\mu(x)CB\left\{-\frac{\beta+1}{\beta-m}(CB)^{-1}\left[|CAq_\mu(x)|+|CA|\Delta\mu\right.\right. \\
& \left.+|CB|\Delta_1\mu_1+|CB|\times(d_1+d_2|q_\mu(x)|+d_2\Delta\mu+d_3\Delta_1\mu_1)\right]\operatorname{sgn}\left[Cq_\mu(x)\right] \\
& \left.-\frac{\beta\varepsilon}{\beta-m}(CB)^{-1}\operatorname{sgn}\left[Cq_\mu(x)\right]\right\}+\frac{\beta+1}{\beta}|Cq_\mu(x)||CAq_\mu(x)| \\
& +\frac{\beta+1}{\beta}|Cq_\mu(x)||CA|\Delta\mu+\frac{\beta+1}{\beta}|Cq_\mu(x)||CB|\Delta_1\mu_1 \\
& +\frac{\beta+1}{\beta}|Cq_\mu(x)||CB|\left[d_1+d_2(|q_\mu(x)|+\Delta\mu)+d_3\Delta_1\mu_1\right] \\
= & -\varepsilon|Cq_\mu(x)|
\end{aligned}
\tag{3.18}
$$

进一步，由于$\beta > \frac{1+d_3}{1-d_3}$，易得$d_3 < \frac{\beta-1}{\beta+1}$，从而得到$m = 1+(\beta+1)d_3 < \beta$。再次使用式（3.16），可得

$$
\begin{aligned}
&\frac{m}{\beta}|Cq_\mu(x)||CB||v| + \frac{m}{\beta}Cq_\mu(x)CBv \\
&= \frac{m}{\beta}|Cq_\mu(x)||CB|\left|-\frac{\beta+1}{\beta-m}(CB)^{-1}\left[|CAq_\mu(x)| + |CA|\Delta\mu + |CB|\Delta_1\mu_1\right.\right. \\
&\quad \left.+|CB|(d_1 + d_2|q_\mu(x)| + d_2\Delta\mu + d_3\Delta_1\mu_1)\right]\mathrm{sgn}\left[Cq_\mu(x)\right] \\
&\quad \left.-\frac{\beta\varepsilon}{\beta-m}(CB)^{-1}\mathrm{sgn}\left[Cq_\mu(x)\right]\right| + \frac{m}{\beta}Cq_\mu(x)CB\left\{-\frac{\beta+1}{\beta-m}(CB)^{-1}\left[\left|CAq_\mu(x)\right|\right.\right. \\
&\quad \left.+|CA|\Delta\mu + |CB|\Delta_1\mu + |CB|(d_1 + d_2|q_\mu(x)| + d_2\Delta\mu + d_3\Delta_1\mu_1)\right]\mathrm{sgn}\left[Cq_\mu(x)\right] \\
&\quad \left.-\frac{\beta\varepsilon}{\beta-m}(CB)^{-1}\mathrm{sgn}\left[Cq_\mu(x)\right]\right\} \\
&= 0
\end{aligned}
\tag{3.19}
$$

将式（3.18）与式（3.19）带入式（3.17），不难看出

$$s(x)\dot{s}(x) \leqslant -\varepsilon|Cq_\mu(x)| \tag{3.20}$$

根据基本不等式$|a+b| \leqslant |a| + |b|$（$a$、$b$为任意实数），以及式（3.11），得

$$|Cx| = |Cq_\mu(x) - Ce_\mu| \leqslant |Cq_\mu(x)| + |Ce_\mu| \leqslant \frac{\beta+1}{\beta}|Cq_\mu(x)|$$

即

$$|Cq_\mu(x)| \geqslant \frac{\beta}{\beta+1}|Cx| \tag{3.21}$$

结合式（3.20）与式（3.21），可知

$$s(x)\dot{s}(x) \leqslant -\varepsilon|Cq_\mu(x)| \leqslant -\frac{\beta\varepsilon}{\beta+1}|Cx| = -\frac{\beta\varepsilon}{\beta+1}|s(x)| \tag{3.22}$$

由上述证明可以看出，系统的状态轨迹能够到达并保持在切换面$s(x)=0$上。进而可知闭环系统的状态轨迹将渐近收敛到零。

证毕。

从定理 3.1 可知，需要设计一个量化参数μ的调节策略满足式（3.10）。量化参数调节法则的设计要求包括两方面：第一，为了便于工程使用，量化参数的调节策略最好为静态调节方式；第二，量化参数μ能够在解码端获得。

本章给出如下的简单有效的调节策略：

（1）如果$|Cx| \geqslant 1$，则取$\mu = \frac{\lfloor |Cx| \rfloor}{(\beta+1)|C|\Delta}$；

（2）如果$0<|Cx|<1$，对于固定的正常数$\alpha(0<\alpha<1)$，总存在唯一的正整数i满足$\alpha^i<|Cx|<\alpha^{i-1}$，则取$\mu=\dfrac{\alpha^i}{(\beta+1)|C|\varDelta}$；

（3）如果$|Cx|=0$，这时系统轨迹位于滑模面上，取$\mu=0$。

从上面设计的量化参数μ的调节策略不难看出，该调节策略是静态（离散在线）方式，因而在工程应用中比连续调节策略更方便。

根据上面的量化参数的调节策略可知，为了在解码端获得量化参数μ，需要获得参数C、α、β、$\varDelta$、i及$\lfloor|Cx|\rfloor$。参数C、α和β由控制器设计者事先给出。$\varDelta=\dfrac{\sqrt{n}}{2}$仅依赖系统的维数$n$。参数$i$与$\lfloor|Cx|\rfloor$为整数，容易通过数字通道传输。由此可见，上述参数在通道两端均可获知，进而量化参数μ能够在解码端获得。

尽管切换函数$s(x)=Cx$需要用到系统状态的信息，这与采用量化状态信号进行控制器设计并不矛盾。原因包括两方面：第一，状态信号的信息仅用于被控对象端信号量化之前；第二，设计的控制器使用的是系统的量化状态$q_\mu(x)$而不是状态x本身，详见式(3.16)。因此，这样的设计在实际工程中是合理并可实现的。

由于量化的存在，参考文献中设计的控制器均为不连续的，如文献[5]、[6]、[66]、[85]等。不连续系统的稳定性理论已被多位学者深入地研究。与文献[18]一样，关于不连续量化反馈系统解的概念，请参阅文献[211]与文献[212]。

3.4 仿真算例

本节给出一个仿真例子来说明本章所提方法的有效性。

考虑如下的系统[85]：

$$\begin{cases}\dot{x}_1=x_2\\ \dot{x}_2=x_3\\ \dot{x}_3=-x_1+2x_2+3x_3+u+d(t,x,u)\end{cases}\tag{3.23}$$

假设系统受到的不确定性为$d(t,x,u)=0.05\sin(t)+0.2\cos(2t)x_1$。则知$|d(t,x,u)|\leqslant 0.05+0.2|x|$。如文献[85]，取$C=\begin{bmatrix}1 & 3 & 2\end{bmatrix}$，则确定滑模面为$s(x)=Cx=0$，能保证降阶系统有稳定的特征值。根据3.3节描述的设计过程，选取$\alpha=0.5$、$\beta=5$可得量化参数μ的一个调节策略。此外，对于在上行通道中使用的静态量化器，选取$\mu_1=0.05$。为了减少不连续的控制器带来的抖振的影响，在仿真中用sigmoid-like函数$\dfrac{Cq_\mu(x)}{|Cq_\mu(x)|+\theta_1}$来代替符号函数$\operatorname{sgn}\left[Cq_\mu(x)\right]$。其中，选取正参数

$\theta_1 = 0.018$。此外，参数ε在仿真中取为$\varepsilon = 0.001$。

选取系统初始条件为$x_0 = x(0) = \begin{bmatrix} 1 & 0 & 2.5 \end{bmatrix}^{\mathrm{T}}$，则采用本章的设计方法的仿真结果如图 3.2～图 3.5 所示。从图 3.2 中可以看出，系统的状态轨迹能够渐近收敛到零。图 3.3 为线性切换面的响应曲线图。从图 3.3 中可以看出，不到 2s 系统就进入了滑动模态。图 3.4 和图 3.5 分别给出了系统的控制输入和调节参数的仿真曲线。从图 3.5 中可以看出，量化参数的调节为分段常值形式，即量化参数的调解策略是静态的。

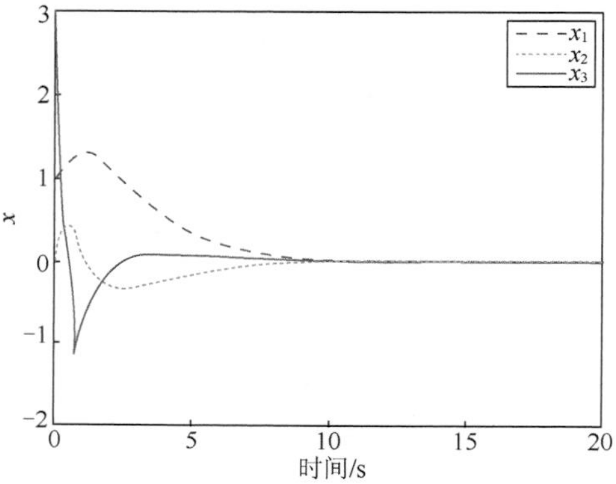

图 3.2　系统状态响应

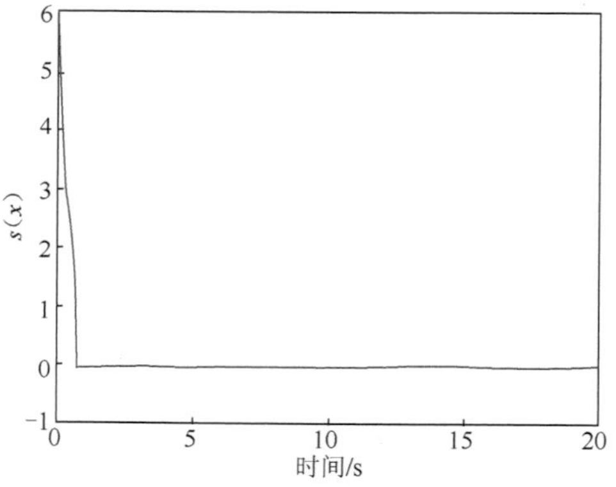

图 3.3　切换函数响应

接下来，在相同的初始条件下，给出文献[85]中引理 2 设计的方法的仿真结果。其中，量化参数$\mu = 0.2$的静态量化器用于下行通道，量化参数$\mu_1 = 0.05$的静态量化器用于上行通道。在文献[85]的设计中，忽略了下行通道。在仿真中，使用如下的参数：量化误差$\Delta = 0.2$，衰减率$\bar{\lambda} = 3$，向量$C = \begin{bmatrix} 1 & 3 & 2 \end{bmatrix}$，$D = \begin{bmatrix} 1 & 4 & 0 \end{bmatrix}$，$M = 3$和$\bar{\rho} = 0.65$。仿真结果如图 3.6～图 3.8 所示。图 3.6 给出的系统状态响应曲线图说明文献[85]给出的控制器设计方法仅能保证系统轨迹的终值有界。进一步，如引言中所述，从图 3.7 中很容易看出被控对象的状态不能保证从 $t=0$ 时刻开始后始终保持在时变滑模面

$$s\left[x(t),x(0),t\right]=\left[C+D\exp(-\bar{\lambda}t)\right]\left[x(t)-x(0)\exp(-\bar{\lambda}t)\right]=0$$

尽管利用系统初始条件的目的是为了保证设计的滑模面能够保持从 $t=0$ 时刻就位于滑模流形上。

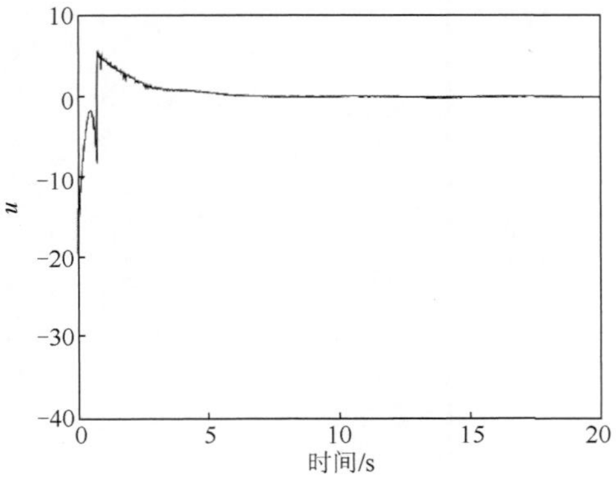

图 3.4　控制输入响应

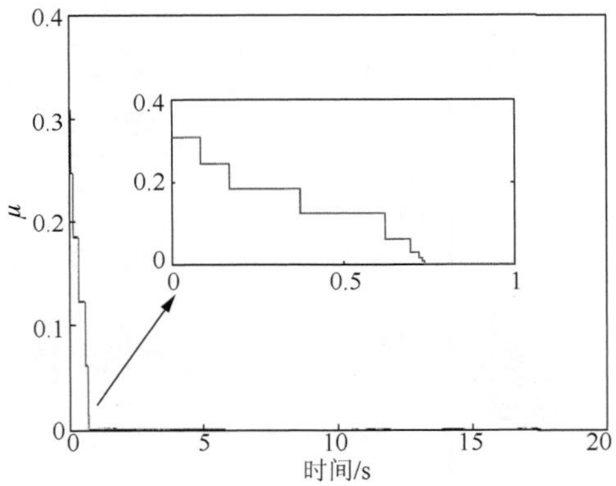

图 3.5　量化参数 μ 的响应

下面给出文献[66]中提出的设计方法的仿真结果。首先将系统模型描述为文献[66]中的形式。参数如下：$E_1=[1\quad 0\quad 0],F_1=[0\quad 0\quad 1],E_2=0$ 及 $F_2=1$。选取 $\boldsymbol{Q}=0.01\boldsymbol{I}_3,R=0.001$，求解文献[66]中定理 3 的线性矩阵不等式组，可得

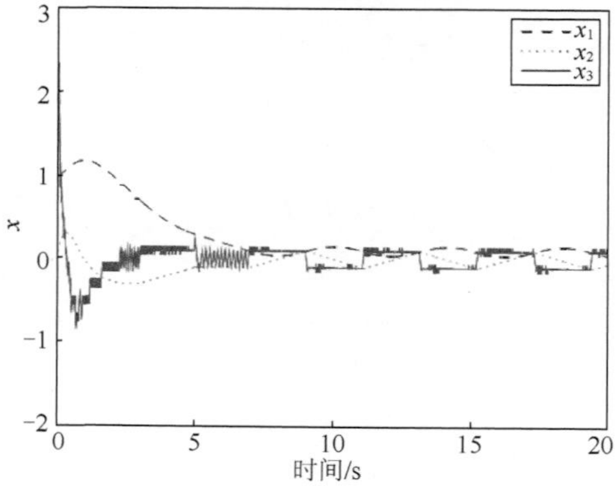

图 3.6　系统状态响应

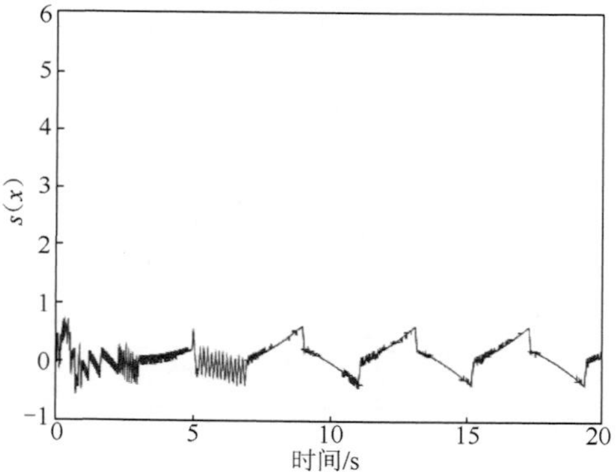

图 3.7　切换函数响应

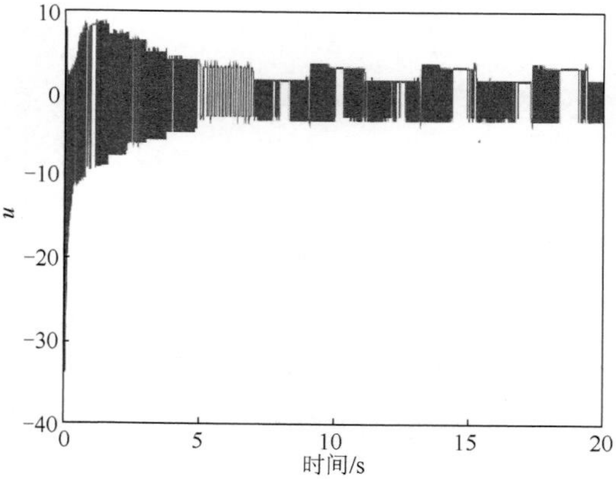

图 3.8　控制输入响应

$$P=\begin{bmatrix}0.5170 & 0.2883 & 0.0395\\ 0.2883 & 0.2112 & 0.0351\\ 0.0395 & 0.0351 & 0.0130\end{bmatrix}$$

$$K=\begin{bmatrix}-39.4989 & -35.0679 & -13.0340\end{bmatrix}$$

假设带有固定量化参数 $\mu_1=0.05$ 的静态量化器用于从控制器端到被控对象端的上行通道。此外，带有固定量化参数 $\mu_1=0.2$ 的静态量化器用于从被控对象端到控制器端的下行通道中（文献[66]忽略了下行通道）。根据上面的数据，经过简单计算，可得参数 $N=2$。系统状态和控制输入的响应曲线分别在图 3.9 与图 3.10 中给出。显然，由仿真结果可以看出，在存在状态量化的情况下，文献[66]中提出的方法仅能保证闭环系统的状态轨迹收敛到原点的某个邻域内。

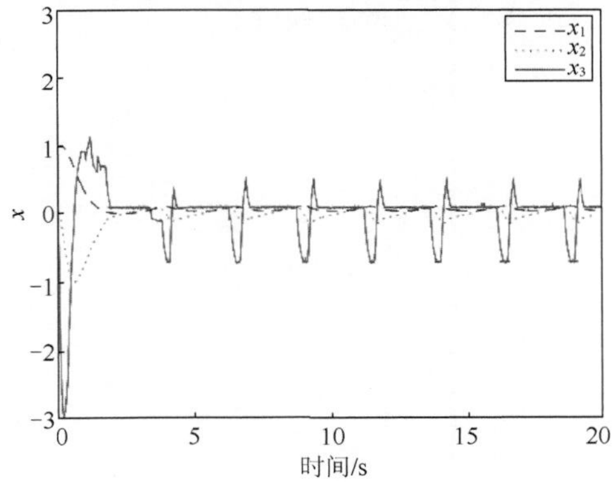

图 3.9　系统的状态响应

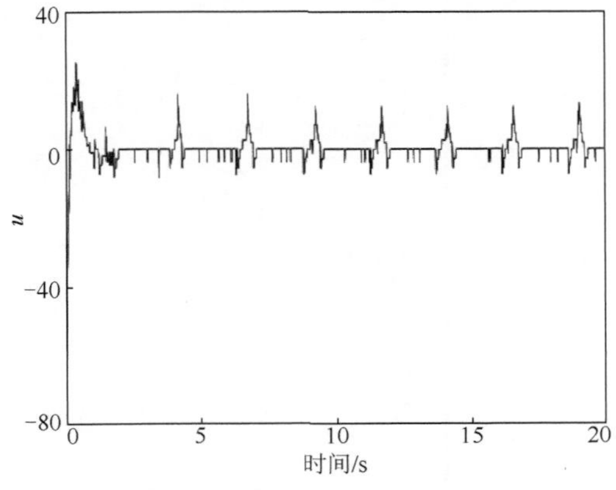

图 3.10　系统的控制输入响应

通过比较可以看出，通过引入的量化参数的静态调节策略，以及设计的量化反馈滑模变结构控制策略，本章的设计方法能够获得更好的收敛性能。

3.5 本章小结

本章基于滑模变结构控制策略对一类线性时不变不确定系统的鲁棒量化反馈控制器设计问题进行了研究。为了获得较好的鲁棒量化反馈镇定的结果，给出了一个动态量化器量化参数的静态调节策略。通过结合量化参数的调节，本章设计的量化反馈滑模变结构控制策略能够保证系统轨迹到达期望的滑模面。最后给出一个算例进一步验证了本章方法的有效性。

4

基于滑动扇区方法的量化状态反馈变结构控制

4.1 引言

第3章研究了一类线性时不变不确定系统量化反馈变结构控制的鲁棒镇定问题。众所周知，变结构控制的不足之处在于滑模面的附近容易发生抖振现象。这会对系统的执行机构造成损伤，是影响变结构控制策略在实际中使用的主要障碍。参考文献中通常引入边界层方法或饱和函数的方法来消除或减弱抖振的影响[111, 112]，但是其付出的代价是丢失变结构控制的不变特性并仅能够获得实际稳定。文献[108]提出了一种滑动扇区（sliding sector）方法的变结构控制，该方法能够有效地避免抖振并获得闭环系统的二次稳定。

本章基于文献[108]中提出的滑动扇区方法针对连续时间线性系统设计一种量化反馈变结构控制策略。通过结合量化参数的在线调节，构造的变结构控制律能够确保系统的状态轨迹进入滑动扇区的内扇区，最终保证闭环系统二次稳定并有效避免抖振现象的发生。最后通过仿真例子进一步验证本章所提方法的有效性。

4.2 问题描述

考虑如下线性时不变连续时间系统：

$$\dot{x} = \boldsymbol{A}x + Bu \tag{4.1}$$

式中，$x(t)\in R^n$，$u(t)\in R$ 分别为系统的状态与控制输入；$\boldsymbol{A}$ 和 B 是适当维数的矩阵且 $(\boldsymbol{A},B)$ 为能控矩阵对。

4.2.1 PR-滑动扇区

在本节中，给出 PR-滑动扇区（PR-sliding sector）的相关概念。

定义 4.1：[108]PR-滑动扇区是 R^n 上的一个子集，其定义为

$$\varXi \overset{\text{def}}{=} \left\{x \middle| x^{\mathrm{T}}(\boldsymbol{A}^{\mathrm{T}}\boldsymbol{P}+\boldsymbol{P}\boldsymbol{A})x \leqslant -x^{\mathrm{T}}\boldsymbol{\mathfrak{R}}x, x\in R^n\right\} \tag{4.2}$$

式中，$\boldsymbol{P}\in R^{n\times n}$ 为正定矩阵；$\boldsymbol{\mathfrak{R}}\in R^{n\times n}$ 为半正定矩阵，$\boldsymbol{\mathfrak{R}}=\boldsymbol{C}^{\mathrm{T}}\boldsymbol{C}$，$\boldsymbol{C}\in R^{l\times n}$，$l\geqslant 1$，$(\boldsymbol{C},\boldsymbol{A})$ 为能观矩阵对。

对线性系统式（4.1），由于至少零状态满足式（4.2），PR-滑动扇区 $\varXi$ 为非空集。显而易见，当系统状态位于 PR-滑动扇区 $\varXi$ 内时，系统式（4.1）在零输入的情况下，P-范数 $|x|_{\boldsymbol{P}}$ 保持下降。这是因为

$$\dot{L}=x^{\mathrm{T}}(\boldsymbol{A}^{\mathrm{T}}\boldsymbol{P}+\boldsymbol{P}\boldsymbol{A})x \leqslant -x^{\mathrm{T}}\boldsymbol{\mathfrak{R}}x<0, \forall x\in\varXi, x\neq 0 \tag{4.3}$$

式中，$L=|x|_{\boldsymbol{P}}^2=x^{\mathrm{T}}\boldsymbol{P}x$。

定义 4.2[108]：简化 PR-滑动扇区（simplified PR-sliding sector）为 R^n 上的子集，其定义如下：

$$\varXi \overset{\text{def}}{=} \left\{x \middle| |s(x)| \leqslant \delta(x), x\in R^n\right\} \tag{4.4}$$

式中，线性函数 $s(x)$ 及二次函数 $\delta^2(x)$ 的方根 $\delta(x)$ 由以下公式给出

$$s(x)=Sx, S\in R^{1\times n} \tag{4.5}$$

$$\delta(x)=\sqrt{x^{\mathrm{T}}\boldsymbol{\Omega}x}, \boldsymbol{\Omega}\in R^{n\times n}, \boldsymbol{\Omega}\geqslant 0(\boldsymbol{\Omega}\neq 0) \tag{4.6}$$

文献[108]中已经证明：对于任意的控制系统式（4.1），式（4.2）定义的 PR-滑动扇区总能表示为简化 PR-滑动扇区式（4.4）的形式。

文献[108]中给出了参数 $\boldsymbol{P}$、$\boldsymbol{\mathfrak{R}}$、$\boldsymbol{\Omega}$ 与 S 的一种选取方法。即正定矩阵 $\boldsymbol{P}$ 满足 Riccati 方程

$$\boldsymbol{A}^{\mathrm{T}}\boldsymbol{P}+\boldsymbol{P}\boldsymbol{A}-\boldsymbol{P}BB^{\mathrm{T}}\boldsymbol{P}=-\boldsymbol{Q} \tag{4.7}$$

$\boldsymbol{\mathfrak{R}}=(1-r)\boldsymbol{Q}$，$\boldsymbol{\Omega}=r\boldsymbol{Q}$，$S=B^{\mathrm{T}}\boldsymbol{P}$，参数 r 满足不等式 $0<r<1$。

为避免在 PR-滑动扇区边界发生抖振现象，文献[108]中引入两个子集：内扇区 $\varXi_i$ 和外扇区 $\varXi_0$，其构造如下：

$$\varXi_i \overset{\text{def}}{=} \left\{x \middle| |s(x)| \leqslant \alpha\delta(x), x\in R^n\right\} \tag{4.8}$$

$$\varXi_0 \overset{\text{def}}{=} \left\{x \middle| \alpha\delta(x) < |s(x)| \leqslant \delta(x), x\in R^n\right\} \tag{4.9}$$

式中，$0<\alpha<1$。不难看出集合 $\varXi_i$ 与 $\varXi_0$ 构成简化 PR-滑动扇区 $\varXi$ 的一个划分。

即 $\varXi = \varXi_i \cup \varXi_0$ 且 $\varXi_i \cap \varXi_0 = N$，其中，$N$ 是 R^n 上的空集。

下面引入一个迟滞死区函数 $\sigma(s(x),\delta(x))$ 来避免抖振，其定义如下：

$$\sigma\left[s(x),\delta(x)\right] \overset{\text{def}}{=} \begin{cases} 0, & x \in \varXi_i \\ \text{不变}, & x \in \varXi_0 \\ 1, & x \overline{\in} \varXi \end{cases} \tag{4.10}$$

4.2.2　量化参数的调节策略

本章考虑的量化器与第 3 章的动态量化器相同，不再赘述。

结合使用的 PR-滑动扇区的特点，本节给出量化参数 μ 的调节法则如下所示。

（1）如果 $\sigma(s(x),\delta(x))=0$，则系统状态轨迹位于滑动扇区内，这时取 $\mu=0$。

（2）如果 $\sigma(s(x),\delta(x))=1$，两种情况需要考虑：

① 如果 $|Sx| \geqslant 1$，取 $\mu = \dfrac{\|Sx\|}{(\beta+1)|S|\varDelta}$；

② 如果 $0<|Sx|<1$，固定正常数 $\theta(0<\theta<1)$，则存在正整数 i 使得 $\theta^i \leqslant |Sx| < \theta^{i-1}$，取 $\mu = \dfrac{\theta^i}{(\beta+1)|S|\varDelta}$。

本章的主要目标是结合 PR-滑动扇区 $\varXi$ 的内扇区 $\varXi_i$ 与外扇区 $\varXi_0$，给出一个能够避免抖振并实现闭环系统二次稳定的量化反馈变结构控制策略。

4.3　主要结果

在本节中，基于滑动扇区技术的变结构控制，首先考虑标称系统式（4.1）的量化反馈二次镇定问题，然后再将结果进一步推广到一类不确定系统上。

4.3.1　量化反馈变结构控制设计

对于线性系统式（4.1），下列定理保证设计的量化反馈变结构控制器能够实现闭环系统二次稳定。

定理 4.1：考虑带有内扇区 $\varXi_i$ 和外扇区 $\varXi_0$ 的简化 PR-滑动扇区 $\varXi$，构造如下的量化反馈变结构控制器：

$$u(t) = -\sigma\left[s(x),\delta(x)\right]\left[u_1(t)+u_2(t)\right] \tag{4.11}$$

式中，

$$u_1(t) = -(SB)^{-1} S\boldsymbol{A} q_\mu(x) \tag{4.12}$$

$$u_2(t) = -\frac{\beta+1}{\beta-1}(SB)^{-1}|SA|\Delta\mu\,\mathrm{sgn}\left[Sq_{\mu}(x)\right] - K(SB)^{-1}Sq_{\mu}(x) \tag{4.13}$$

函数$\sigma\left[s(x),\delta(x)\right]$为式（4.10）中的迟滞死区函数。当参数$K>0$、$\beta>1$满足

$$2K_0\left(\alpha^2 r\boldsymbol{Q} - \frac{1}{\beta-1}S^{\mathrm{T}}S\right) + S^{\mathrm{T}}S\boldsymbol{A} + \boldsymbol{A}^{\mathrm{T}}S^{\mathrm{T}}S > 0 \tag{4.14}$$

与

$$K > \max\left\{\frac{SB}{2}, K_0\right\} \tag{4.15}$$

式中，$0<\alpha<1$；$0<r<1$；矩阵$\boldsymbol{Q}$满足 Riccati 方程式（4.7）。则结合量化参数的调节法则，系统式（4.1）的状态轨迹能够由 PR-滑动扇区$\varXi$外进入内扇区$\varXi_i$，从而实现闭环系统的二次稳定。

证明：取 P-范数的平方作为李雅普诺夫函数，即

$$L(x) = x^{\mathrm{T}}\boldsymbol{P}x > 0, \forall x \in R^n, x \neq 0 \tag{4.16}$$

假设系统的初始状态位于 PR-滑动扇区的外面。则由式（4.10）可知，$\sigma[s(x),\delta(x)]=1$，并且在系统状态进入 PR-滑动扇区的内扇区$\varXi_i$之前，量化反馈变结构控制律如式（4.11）～式（4.13）所示。

结合第 3 章量化误差的定义式（3.3）可知，$s^2(x)$沿着系统式（4.1）的时间导数为

$$\begin{aligned}
s(x)\dot{s}(x) &= Sx(S\boldsymbol{A}x + SBu) \\
&= Sq_{\mu}(x)(S\boldsymbol{A}x + SBu) - Se_{\mu}(S\boldsymbol{A}x + SBu) \\
&= Sq_{\mu}(x)\left[S\boldsymbol{A}q_{\mu}(x) - S\boldsymbol{A}e_{\mu} + SBu\right] - Se_{\mu}\left[S\boldsymbol{A}q_{\mu}(x) - S\boldsymbol{A}e_{\mu} + SBu\right]
\end{aligned}$$

应用式（4.12），可得

$$s(x)\dot{s}(x) = Sq_{\mu}(x)(-S\boldsymbol{A}e_{\mu} + SBu_2) - Se_{\mu}(-S\boldsymbol{A}e_{\mu} + SBu_2)$$

根据引理 3.1，利用$|Se_{\mu}| \leqslant \frac{1}{\beta}|Sq_{\mu}(x)|$，并结合$SB = B^{\mathrm{T}}\boldsymbol{P}B > 0$，可得

$$\begin{aligned}
s(x)\dot{s}(x) &\leqslant Sq_{\mu}(x)(-S\boldsymbol{A}e_{\mu} + SBu_2) + \frac{1}{\beta}|Sq_{\mu}(x)|(|S\boldsymbol{A}|\Delta\mu + SB|u_2|) \\
&\leqslant Sq_{\mu}(x)SBu_2 + |Sq_{\mu}(x)||S\boldsymbol{A}|\Delta\mu + \frac{1}{\beta}|Sq_{\mu}(x)|(|S\boldsymbol{A}|\Delta\mu + SB|u_2|) \\
&\leqslant Sq_{\mu}(x)SBu_2 + \frac{\beta+1}{\beta}|Sq_{\mu}(x)||S\boldsymbol{A}|\Delta\mu + \frac{1}{\beta}|Sq_{\mu}(x)|SB|u_2|
\end{aligned} \tag{4.17}$$

另一方面，根据式（4.13）得

$$\frac{1}{\beta}Sq_{\mu}(x)SBu_2 + \frac{1}{\beta}|Sq_{\mu}(x)|SB|u_2|$$

$$
\begin{aligned}
&= \frac{1}{\beta} Sq_{\mu}(x)SB\left\{-\frac{\beta+1}{\beta-1}(SB)^{-1}|SA|\Delta\mu \operatorname{sgn}\left[Sq_{\mu}(x)\right]-K(SB)^{-1}Sq_{\mu}(x)\right\} \\
&\quad +\frac{1}{\beta}\left|Sq_{\mu}(x)\right|SB\left|-\frac{\beta+1}{\beta-1}(SB)^{-1}|SA|\Delta\mu \operatorname{sgn}\left[Sq_{\mu}(x)\right]-K(SB)^{-1}Sq_{\mu}(x)\right| \\
&\leqslant -\frac{\beta+1}{\beta(\beta-1)}|SA|\Delta\mu\left|Sq_{\mu}(x)\right|-\frac{K}{\beta}\left[Sq_{\mu}(x)\right]^{2} \\
&\quad +\frac{\beta+1}{\beta(\beta-1)}\left|Sq_{\mu}(x)\right||SB||SA|\Delta\mu+\frac{K}{\beta}SB\left|(SB)^{-1}\right|\left|Sq_{\mu}(x)\right|^{2} \\
&= 0
\end{aligned} \tag{4.18}
$$

结合式（4.17）与式（4.18），可以看出

$$
s(x)\dot{s}(x) \leqslant \frac{\beta-1}{\beta} Sq_{\mu}(x)SBu_2+\frac{\beta+1}{\beta}\left|Sq_{\mu}(x)\right||SA|\Delta\mu \tag{4.19}
$$

进一步，将 u_2 带入式（4.19）得

$$
\begin{aligned}
s(x)\dot{s}(x) &\leqslant \frac{\beta-1}{\beta} Sq_{\mu}(x)SB\left\{-\frac{\beta+1}{\beta-1}(SB)^{-1}|SA|\Delta\mu \operatorname{sgn}\left[Sq_{\mu}(x)\right]\right. \\
&\qquad \left.-K(SB)^{-1}Sq_{\mu}(x)\right\}+\frac{\beta+1}{\beta}\left|Sq_{\mu}(x)\right||SA|\Delta\mu \\
&= -K\frac{\beta-1}{\beta}\left[Sq_{\mu}(x)\right]^{2}
\end{aligned} \tag{4.20}
$$

由于 $\left|Sq_{\mu}(x)\right|=\left|Sx+Se_{\mu}\right| \geqslant |Sx|-\left|Se_{\mu}\right| \geqslant |Sx|-\frac{1}{\beta}\left|Sq_{\mu}(x)\right|$，得

$$
\left|Sq_{\mu}(x)\right| \geqslant \frac{\beta}{\beta+1}|Sx|
$$

可知

$$
\left[Sq_{\mu}(x)\right]^{2} \geqslant \frac{\beta^{2}}{(\beta+1)^{2}}(Sx)^{2} \tag{4.21}
$$

由式（4.20）与式（4.21）得

$$
s(x)\dot{s}(x) \leqslant -\frac{\beta(\beta-1)}{(\beta+1)^{2}}Ks^{2}(x) \tag{4.22}
$$

由于 $\beta>1$， $K>0$，可知

$$
s(x)\dot{s}(x)<0
$$

因此，线性函数 $s(x)$ 的绝对值保持下降，可见闭环系统的状态轨迹能够进入 PR-滑动扇区的内扇区 $\varXi_i$。

当系统轨迹在控制器式（4.11）～式（4.13）的作用下从 PR-滑动扇区外面

进入内扇区 $\varXi_i$ 时，P-范数 $|x|_P$ 保持下降。理由如下：

根据 PR-滑动扇区的定义，以及 $\boldsymbol{\Omega}=r\boldsymbol{Q}$ 与 $\boldsymbol{\Re}=(1-r)\boldsymbol{Q}$，由于 $|s(x)|>\alpha\delta(x)$，根据式（4.15）中 K 的选择得

$$\begin{aligned}
\dot{L}(x) &= x^{\mathrm{T}}(\boldsymbol{A}^{\mathrm{T}}\boldsymbol{P}+\boldsymbol{P}\boldsymbol{A})x+2x^{\mathrm{T}}\boldsymbol{P}Bu \\
&= x^{\mathrm{T}}(\boldsymbol{P}BB^{\mathrm{T}}\boldsymbol{P}-\boldsymbol{Q})x+2x^{\mathrm{T}}\boldsymbol{P}Bu \\
&= s^2(x)-x^{\mathrm{T}}\boldsymbol{Q}x+2x^{\mathrm{T}}\boldsymbol{P}Bu \\
&= s^2(x)-x^{\mathrm{T}}\boldsymbol{\Omega}x-x^{\mathrm{T}}\boldsymbol{\Re}x+2x^{\mathrm{T}}\boldsymbol{P}Bu \\
&= s^2(x)-\delta^2(x)-x^{\mathrm{T}}\boldsymbol{\Re}x+2s(x)u \\
&= s^2(x)-\delta^2(x)-x^{\mathrm{T}}\boldsymbol{\Re}x+2s(x)\Big\{-(SB)^{-1}S\boldsymbol{A}q_{\mu}(x) \\
&\quad -\frac{\beta+1}{\beta-1}(SB)^{-1}|S\boldsymbol{A}|\Delta\mu\,\mathrm{sgn}\big[Sq_{\mu}(x)\big]-K(SB)^{-1}Sq_{\mu}(x)\Big\}
\end{aligned}\tag{4.23}$$

由 $q_{\mu}(x)-x=e_{\mu}$，$|s(x)|>\alpha\delta(x)$，$K>\dfrac{SB}{2}$，$0<\alpha<1$ 及 $\delta^2(x)=rx^{\mathrm{T}}\boldsymbol{Q}x$，得

$$\begin{aligned}
\dot{L}(x) &= s^2(x)-\delta^2(x)-x^{\mathrm{T}}\boldsymbol{\Re}x-2s(x)(SB)^{-1}\Big\{S\boldsymbol{A}x+S\boldsymbol{A}e_{\mu} \\
&\quad +\frac{\beta+1}{\beta-1}|S\boldsymbol{A}|\Delta\mu\,\mathrm{sgn}\big[Sq_{\mu}(x)\big]+KSx+KSe_{\mu}\Big\} \\
&= -s^2(x)\big[2(SB)^{-1}K-1\big]-\delta^2(x)-x^{\mathrm{T}}\boldsymbol{\Re}x \\
&\quad -2s(x)(SB)^{-1}\Big\{S\boldsymbol{A}x+S\boldsymbol{A}e_{\mu}+\frac{\beta+1}{\beta-1}|S\boldsymbol{A}|\Delta\mu\,\mathrm{sgn}\big[Sq_{\mu}(x)\big]+KSe_{\mu}\Big\} \\
&\leqslant -\big[2(SB)^{-1}K-1\big]\alpha^2\delta^2(x)-\delta^2(x)-x^{\mathrm{T}}\boldsymbol{\Re}x \\
&\quad -2s(x)(SB)^{-1}\Big\{S\boldsymbol{A}x+S\boldsymbol{A}e_{\mu}+\frac{\beta+1}{\beta-1}|S\boldsymbol{A}|\Delta\mu\,\mathrm{sgn}\big[Sq_{\mu}(x)\big]+KSe_{\mu}\Big\} \\
&\leqslant -2(SB)^{-1}K\alpha^2\delta^2(x)-x^{\mathrm{T}}\boldsymbol{\Re}x \\
&\quad -2s(x)(SB)^{-1}\Big\{S\boldsymbol{A}x+S\boldsymbol{A}e_{\mu}+\frac{\beta+1}{\beta-1}|S\boldsymbol{A}|\Delta\mu\,\mathrm{sgn}\big[Sq_{\mu}(x)\big]+KSe_{\mu}\Big\} \\
&= -x^{\mathrm{T}}\boldsymbol{\Re}x-2K(SB)^{-1}\alpha^2rx^{\mathrm{T}}\boldsymbol{Q}x-(SB)^{-1}x^{\mathrm{T}}(S^{\mathrm{T}}S\boldsymbol{A}+\boldsymbol{A}^{\mathrm{T}}S^{\mathrm{T}}S)x \\
&\quad -2s(x)(SB)^{-1}\Big\{S\boldsymbol{A}e_{\mu}+\frac{\beta+1}{\beta-1}|S\boldsymbol{A}|\Delta\mu\,\mathrm{sgn}\big[Sq_{\mu}(x)\big]+KSe_{\mu}\Big\}
\end{aligned}\tag{4.24}$$

注意到 $s(x)=Sq_{\mu}(x)-Se_{\mu}$，应用不等式 $|Se_{\mu}|\leqslant\dfrac{1}{\beta}|Sq_{\mu}(x)|$，可得

$$
\begin{aligned}
&-2s(x)\frac{\beta+1}{\beta-1}|SA|\Delta\mu\,\text{sgn}\left[Sq_{\mu}(x)\right]\\
&=-2\left[Sq_{\mu}(x)-Se_{\mu}\right]\frac{\beta+1}{\beta-1}|SA|\Delta\mu\,\text{sgn}\left[Sq_{\mu}(x)\right]\\
&=-2\frac{\beta+1}{\beta-1}|SA|\left|Sq_{\mu}(x)\right|\Delta\mu+2\frac{\beta+1}{\beta-1}|SA|\Delta\mu\,\text{sgn}\left[Sq_{\mu}(x)\right]Se_{\mu}\\
&\leqslant-2\frac{\beta+1}{\beta-1}|SA|\left|Sq_{\mu}(x)\right|\Delta\mu+2\frac{\beta+1}{\beta-1}|SA|\Delta\mu\times\frac{1}{\beta}\left|Sq_{\mu}(x)\right|\\
&=-2\frac{\beta+1}{\beta}|SA|\left|Sq_{\mu}(x)\right|\Delta\mu
\end{aligned}
\tag{4.25}
$$

由于 $|Sx|\leqslant\left|Sq_{\mu}(x)\right|+\left|Se_{\mu}\right|\leqslant\frac{\beta+1}{\beta}\left|Sq_{\mu}(x)\right|$，易得

$$
-2x^{\mathrm{T}}S^{\mathrm{T}}SAe_{\mu}\leqslant2|Sx||SA|\Delta\mu\leqslant2\frac{\beta+1}{\beta}\left|Sq_{\mu}(x)\right||SA|\Delta\mu \tag{4.26}
$$

根据 $\left|Sq_{\mu}(x)\right|=\left|Sx+Se_{\mu}\right|\leqslant|Sx|+\left|Se_{\mu}\right|\leqslant|Sx|+\frac{1}{\beta}\left|Sq_{\mu}(x)\right|$，可知

$$
\frac{\beta-1}{\beta}\left|Sq_{\mu}(x)\right|\leqslant|Sx|
$$

从而可得

$$
\begin{aligned}
-2Ks(x)Se_{\mu}&=-2Kx^{\mathrm{T}}S^{\mathrm{T}}Se_{\mu}\leqslant2K|Sx|\left|Se_{\mu}\right|\leqslant2K|Sx|\times\frac{1}{\beta}\left|Sq_{\mu}\right|\\
&\leqslant2K|Sx|\times\frac{1}{\beta}\times\frac{\beta}{\beta-1}|Sx|=\frac{2K}{\beta-1}|Sx|^{2}
\end{aligned}
\tag{4.27}
$$

由式（4.24）～式（4.27），可得

$$
\dot{L}\leqslant-(SB)^{-1}x^{\mathrm{T}}\left[2K\left(\alpha^{2}r\boldsymbol{Q}-\frac{1}{\beta-1}S^{\mathrm{T}}S\right)+S^{\mathrm{T}}S\boldsymbol{A}+\boldsymbol{A}^{\mathrm{T}}S^{\mathrm{T}}S\right]x-x^{\mathrm{T}}\boldsymbol{\mathfrak{R}}x \tag{4.28}
$$

根据式（4.14）与式（4.15）得

$$
\dot{L}(x)\leqslant-x^{\mathrm{T}}\boldsymbol{\mathfrak{R}}x
$$

由式（4.10）可知，在系统状态进入内扇区 $\varXi_i$ 且未跑出 PR-滑动扇区这个过程中，$\sigma(s(x),\delta(x))=0$ 并且 $u(t)=0$。在这个过程中，$|s(x)|\leqslant\delta(x)$ 并且满足

$$
\begin{aligned}
\dot{L}(x)&=x^{\mathrm{T}}(\boldsymbol{A}^{\mathrm{T}}\boldsymbol{P}+\boldsymbol{P}\boldsymbol{A})x\\
&=x^{\mathrm{T}}(\boldsymbol{P}BB^{\mathrm{T}}\boldsymbol{P}-\boldsymbol{Q})x\\
&=s^{2}(x)-\delta^{2}(x)-x^{\mathrm{T}}\boldsymbol{\mathfrak{R}}x\\
&\leqslant-x^{\mathrm{T}}\boldsymbol{\mathfrak{R}}x,\quad\forall x\in\varXi
\end{aligned}
$$

一旦系统状态离开 PR-滑动扇区，由前面证明可知，在控制器式（4.11）～式（4.13）的作用下，系统状态将再次进入内扇区并保持 P-范数下降。

综上所述，采用定理 4.1 设计的量化反馈变结构控制器式（4.11）～式（4.13），系统状态将从 PR-滑动扇区的外面进入内扇区并保证李雅普诺夫函数 $L(x)=x^{\mathrm{T}}\boldsymbol{P}x$ 在整个状态空间下降。实现了确保闭环系统二次稳定。

证毕。

值得注意的是，当不考虑量化的时候，上述不等式条件式（4.14）能够退化成文献[108]中定理 12 的条件

$$2K_0\alpha^2 r\boldsymbol{Q}+S^{\mathrm{T}}S\boldsymbol{A}+\boldsymbol{A}^{\mathrm{T}}S^{\mathrm{T}}S>0$$

尽管函数 $\sigma[s(x),\delta(x)]$ 依赖于函数 $s(x)$ 与 $\delta(x)$ 的信息，这与采用系统量化状态设计控制器并不矛盾。理由是函数 $\sigma[s(x),\delta(x)]$ 仅取能够通过数字通道的数值 0 与 1。

如文献[108]中所述，通过使用迟滞死区函数 $\sigma[s(x),\delta(x)]$，本章所设计的控制法则式（4.11）～式（4.13）仅在系统状态从 PR-滑动扇区外进入内扇区的过程中被激活，在其他过程中不被激活。即系统状态在内扇区运动或从内扇区进入滑动扇区的外扇区的过程不被激活。这样做的好处是能够避免在 PR-滑动扇区的边界发生抖振。

显然，在系统状态位于滑动扇区内时，根据控制器的设计方法可知控制输入信号为零，因此量化状态信号可以设为零。

4.3.2 鲁棒量化反馈控制器设计

本节考虑如下的一类连续时间线性不确定系统

$$\dot{x}=\boldsymbol{A}x+B[u+d(t,x,u)] \tag{4.29}$$

式中，$x\in R^n$ 与 $u\in R$ 分别为系统的状态和控制输入；不确定项 $d(t,x,u)$ 满足 $d(t,x,u)=f_1(t)x+f_2(t)u$，其中，$|f_1(t)|\leqslant F_1$，$|f_2(t)|\leqslant F_2<1$。

对于不确定系统式（4.29），下列定理提出的量化反馈变结构控制器设计方法能够实现闭环系统二次稳定。

定理 4.2：考虑 PR-滑动扇区 $\varXi$、内扇区 $\varXi_i$、外扇区 $\varXi_0$，构造如下量化反馈变结构控制器：

$$u(t)=-\sigma[s(x),\delta(x)][u_1(t)+u_2(t)] \tag{4.30}$$

式中，

$$u_1(t)=-(SB)^{-1}S\boldsymbol{A}q_{\mu}(x) \tag{4.31}$$

$$\begin{aligned}u_2=&-\beta_1(SB)^{-1}|S\boldsymbol{A}|\left[\varDelta\mu+F_2|q_{\mu}(x)|\right]\operatorname{sgn}[Sq_{\mu}(x)]\\&-\beta_1F_1\left[|q_{\mu}(x)|+\varDelta\mu\right]\operatorname{sgn}[Sq_{\mu}(x)]-K(SB)^{-1}Sq_{\mu}(x)\end{aligned} \tag{4.32}$$

当$K>0$，$\beta>\dfrac{1+F_2}{1-F_2}$满足

$$2K_0\left[\alpha^2 r\boldsymbol{Q}-\frac{1}{\beta-1}S^{\mathrm{T}}S-\frac{\beta(\beta+1)}{(\beta-1)^2}F_2S^{\mathrm{T}}S\right]+S^{\mathrm{T}}S\boldsymbol{A}+\boldsymbol{A}^{\mathrm{T}}S^{\mathrm{T}}S$$
$$-\frac{1}{\alpha_1}SBS^{\mathrm{T}}S-\alpha_1F_1^2SB-\frac{1}{\alpha_2}S^{\mathrm{T}}S-\alpha_2F_2^2\boldsymbol{A}^{\mathrm{T}}S^{\mathrm{T}}S\boldsymbol{A}>0 \tag{4.33}$$

$$K>\max\left\{\frac{SB}{2},K_0\right\} \tag{4.34}$$

以及 Riccati 方程式（4.7）中的正定矩阵$\boldsymbol{Q}$满足

$$\gamma^2\boldsymbol{Q}>\frac{4r}{(1-r)^2}F_1^2\boldsymbol{I}_n \tag{4.35}$$

式中，$\alpha_1>0$；$\alpha_2>0$；$\beta_1=\dfrac{(\beta+1)(1+F_2)}{\beta(1-F_2)-(1+F_2)}>0$；$0<\gamma<1$。结合设计的量化参数调节法则，设计的控制器能够保证不确定系统式（4.29）二次镇定。

证明：假设系统式（4.29）的初始状态位于 PR−滑动扇区之外，则控制输入由式（4.30）～式（4.32）确定，并且$\sigma[s(x),\delta(x)]=1$。结合量化误差的定义式（3.3），$s^2(x)$沿着系统式（4.29）的时间导数为

$$\begin{aligned}s(x)\dot{s}(x)&=SxS\dot{x}\\&=SxS\{\boldsymbol{A}x+B[u+d(t,x,u)]\}\\&=Sq_{\mu}(x)\{S\boldsymbol{A}q_{\mu}(x)-S\boldsymbol{A}e_{\mu}+SB[u+d(t,x,u)]\}\\&\quad-Se_{\mu}\{S\boldsymbol{A}q_{\mu}(x)-S\boldsymbol{A}e_{\mu}+SB[u+d(t,x,u)]\}\end{aligned} \tag{4.36}$$

将$u=u_1+u_2$和$u_1=-(SB)^{-1}S\boldsymbol{A}q_{\mu}(x)$带入式（4.36），可得

$$\begin{aligned}s(x)\dot{s}(x)&=Sq_{\mu}(x)\{-S\boldsymbol{A}e_{\mu}+SB[u_2+d(t,x,u)]\}\\&\quad-Se_{\mu}\{-S\boldsymbol{A}e_{\mu}+SB[u_2+d(t,x,u)]\}\end{aligned}$$

注意到$d(t,x,u)=f_1x+f_2u$并利用$|Se_{\mu}|\leqslant\dfrac{1}{\beta}|Sq_{\mu}(x)|$，可得

$$\begin{aligned}s(x)\dot{s}(x)&=Sq_{\mu}(x)(-S\boldsymbol{A}e_{\mu}+SBu_2+SBf_1x+SBf_2u)\\&\quad-Se_{\mu}(-S\boldsymbol{A}e_{\mu}+SBu_2+SBf_1x+SBf_2u)\\&\leqslant Sq_{\mu}(x)SBu_2+\frac{\beta+1}{\beta}|Sq_{\mu}(x)||S\boldsymbol{A}|\varDelta\mu+\frac{\beta+1}{\beta}|Sq_{\mu}(x)||SBf_1q_{\mu}(x)|\\&\quad+\frac{\beta+1}{\beta}|Sq_{\mu}(x)||SBf_1e_{\mu}|+\frac{\beta+1}{\beta}|Sq_{\mu}(x)||SBf_2u|+\frac{1}{\beta}|Sq_{\mu}(x)||SBu_2|\end{aligned}$$

应用式（4.32），得

$$\begin{aligned}&\frac{1}{\beta}Sq_{\mu}(x)SBu_2+\frac{1}{\beta}\left|Sq_{\mu}(x)\right|\left|SBu_2\right|\\=&\frac{1}{\beta}Sq_{\mu}(x)SB\Big\{-\beta_1(SB)^{-1}\left|S\boldsymbol{A}\right|\left[\varDelta\mu+F_2\left|q_{\mu}(x)\right|\right]\operatorname{sgn}\left[Sq_{\mu}(x)\right]\\&-\beta_1F_1\left[\left|q_{\mu}(x)\right|+\varDelta\mu\right]\operatorname{sgn}\left[Sq_{\mu}(x)\right]-K(SB)^{-1}Sq_{\mu}(x)\Big\}\\&+\frac{1}{\beta}\left|Sq_{\mu}(x)\right|\Big|SB\Big\{-\beta_1(SB)^{-1}\left|S\boldsymbol{A}\right|\left[\varDelta\mu+F_2\left|q_{\mu}(x)\right|\right]\operatorname{sgn}\left[Sq_{\mu}(x)\right]\\&-\beta_1F_1\left[\left|q_{\mu}(x)\right|+\varDelta\mu\right]\operatorname{sgn}\left[Sq_{\mu}(x)\right]-K(SB)^{-1}Sq_{\mu}(x)\Big\}\Big|\\=&0\end{aligned}$$

结合$\left|f_1(t)\right|\leqslant F_1$，$\left|f_2(t)\right|\leqslant F_2$与$SB=B^{\mathrm{T}}\boldsymbol{P}B>0$，可得

$$\begin{aligned}s(x)\dot{s}(x)\leqslant&\frac{\beta-1}{\beta}Sq_{\mu}(x)SBu_2+\frac{\beta+1}{\beta}\left|Sq_{\mu}(x)\right|\left|S\boldsymbol{A}\right|\varDelta\mu\\&+\frac{(\beta+1)F_1}{\beta}\left|Sq_{\mu}(x)\right|SB\left|q_{\mu}(x)\right|+\frac{(\beta+1)F_1}{\beta}\left|Sq_{\mu}(x)\right|SB\varDelta\mu\\&+\frac{(\beta+1)F_1}{\beta}\left|Sq_{\mu}(x)\right|\left|SBu_1\right|+\frac{(\beta+1)F_1}{\beta}\left|Sq_{\mu}(x)\right|\left|SBu_2\right|\end{aligned}\tag{4.37}$$

将式（4.31）带入式（4.37），可知

$$\begin{aligned}s(x)\dot{s}(x)\leqslant&\frac{\beta-1}{\beta}Sq_{\mu}(x)SBu_2+\frac{\beta+1}{\beta}\left|Sq_{\mu}(x)\right|\left|S\boldsymbol{A}\right|\varDelta\mu\\&+\frac{(\beta+1)F_1}{\beta}\left|Sq_{\mu}(x)\right|SB\left[\varDelta\mu+\left|q_{\mu}(x)\right|\right]\\&+\frac{(\beta+1)F_2}{\beta}\left|Sq_{\mu}(x)\right|\left|S\boldsymbol{A}\right|\left|q_{\mu}(x)\right|+\frac{(\beta+1)F_2}{\beta}\left|Sq_{\mu}(x)\right|\left|SBu_2\right|\\=&\frac{(\beta+1)F_2}{\beta}Sq_{\mu}(x)SBu_2+\frac{(\beta+1)F_2}{\beta}\left|Sq_{\mu}(x)\right|\left|SBu_2\right|+\frac{\beta-1}{\beta}Sq_{\mu}(x)SBu_2\\&-\frac{(\beta+1)F_2}{\beta}Sq_{\mu}(x)SBu_2+\frac{\beta+1}{\beta}\left|Sq_{\mu}(x)\right|\left|S\boldsymbol{A}\right|\varDelta\mu\\&+\frac{(\beta+1)F_2}{\beta}\left|Sq_{\mu}(x)\right|\left|SB\right|\left[\varDelta\mu+\left|q_{\mu}(x)\right|\right]+\frac{(\beta+1)F_2}{\beta}\left|Sq_{\mu}(x)\right|\left|S\boldsymbol{A}\right|\left|q_{\mu}(x)\right|\end{aligned}$$

再次使用式（4.32）并进行简单的推导，可得

$$\frac{(\beta+1)F_2}{\beta}Sq_{\mu}(x)SBu_2+\frac{(\beta+1)F_2}{\beta}\left|Sq_{\mu}(x)\right|\left|SBu_2\right|=0$$

从而有

$$\begin{aligned} s(x)\dot{s}(x) &\leqslant \frac{\beta-1}{\beta}Sq_{\mu}(x)SBu_2 - \frac{(\beta+1)F_2}{\beta}Sq_{\mu}(x)SBu_2 + \frac{\beta+1}{\beta}\left|Sq_{\mu}(x)\right|\left|SA\right|\Delta\mu \\ &\quad + \frac{(\beta+1)F_2}{\beta}\left|Sq_{\mu}(x)\right|\left|SB\right|\left[\Delta\mu + \left|q_{\mu}(x)\right|\right] + \frac{(\beta+1)F_2}{\beta}\left|Sq_{\mu}(x)\right|\left|\boldsymbol{SA}\right|\left|q_{\mu}(x)\right| \\ &= \frac{\beta(1-F_2)-(1+F_2)}{\beta}Sq_{\mu}(x)SBu_2 + \frac{\beta+1}{\beta}\left|Sq_{\mu}(x)\right|\left|\boldsymbol{SA}\right|\Delta\mu \\ &\quad + \frac{(\beta+1)F_1}{\beta}\left|Sq_{\mu}(x)\right|\left|SB\right|\left[\Delta\mu + \left|q_{\mu}(x)\right|\right] + \frac{(\beta+1)F_2}{\beta}\left|Sq_{\mu}(x)\right|\left|\boldsymbol{SA}\right|\left|q_{\mu}(x)\right| \end{aligned}$$

由 $\beta_1 = \dfrac{(\beta+1)}{\beta(1-F_2)-(1+F_2)}$ 和式（4.32）及不等式 $\left|Sq_{\mu}(x)\right| \geqslant \dfrac{\beta}{\beta+1}\left|Sx\right|$，可得

$$\begin{aligned} s(x)\dot{s}(x) &\leqslant -\frac{\beta(1-F_2)-(1+F_2)}{\beta}Sq_{\mu}(x)SBK(SB)^{-1}Sq_{\mu}(x) \\ &= -\frac{\beta(1-F_2)-(1+F_2)}{\beta}K\left[Sq_{\mu}(x)\right]^2 \\ &\leqslant -\frac{\beta(1-F_2)-(1+F_2)}{\beta}\frac{\beta^2}{(\beta+1)^2}K(Sx)^2 \\ &= -\frac{\beta K(1+F_2)}{\beta_1(\beta+1)}s^2(x) \end{aligned}$$

可知闭环系统的状态轨迹能够进入 PR–滑动扇区的内扇区 $\varXi_i$。

选取李雅普诺夫函数 $L(x) = x^{\mathrm{T}}\boldsymbol{P}x$，$L(x)$ 沿着系统式（4.29）的时间导数为

$$\begin{aligned} \dot{L}(x) &= \dot{x}^{\mathrm{T}}\boldsymbol{P}x + x^{\mathrm{T}}\boldsymbol{P}\dot{x} \\ &= \left\{\boldsymbol{A}x + B\left[u + d(t,x,u)\right]\right\}^{\mathrm{T}}\boldsymbol{P}x + x^{\mathrm{T}}\boldsymbol{P}\left\{\boldsymbol{A}x + B\left[u + d(t,x,u)\right]\right\} \\ &= x^{\mathrm{T}}(\boldsymbol{A}^{\mathrm{T}}\boldsymbol{P} + \boldsymbol{PA})x + 2x^{\mathrm{T}}\boldsymbol{P}B\left[u + d(t,x,u)\right] \end{aligned}$$

利用 Riccati 方程式（4.7），关系式 $\boldsymbol{\Omega} = r\boldsymbol{Q}$，$\boldsymbol{\mathfrak{R}} = (1-r)\boldsymbol{Q}$ 与 $s(x) = Sx = B^{\mathrm{T}}\boldsymbol{P}x$，可知

$$\begin{aligned} \dot{L}(x) &= x^{\mathrm{T}}(\boldsymbol{P}BB^{\mathrm{T}}\boldsymbol{P} - \boldsymbol{Q})x + 2x^{\mathrm{T}}\boldsymbol{P}B\left[u + d(t,x,u)\right] \\ &= x^{\mathrm{T}}\boldsymbol{P}BB^{\mathrm{T}}\boldsymbol{P}x - x^{\mathrm{T}}\boldsymbol{Q}x + 2x^{\mathrm{T}}\boldsymbol{P}B\left[u + d(t,x,u)\right] \\ &= (Sx)^{\mathrm{T}}Sx - x^{\mathrm{T}}\boldsymbol{\Omega}x - x^{\mathrm{T}}\boldsymbol{\mathfrak{R}}x + 2x^{\mathrm{T}}\boldsymbol{P}B\left[u + d(t,x,u)\right] \\ &= s^2(x) - \delta^2(x) - x^{\mathrm{T}}\boldsymbol{\mathfrak{R}}x + 2s(x)\left[u + d(t,x,u)\right] \end{aligned} \tag{4.38}$$

将式（4.31）与式（4.32）带入式（4.38），可得

$$\begin{aligned} \dot{L}(x) = s^2(x) &- \delta^2(x) - x^{\mathrm{T}}\boldsymbol{\mathfrak{R}}x + 2s(x)\left\{-(SB)^{-1}\boldsymbol{SA}q_{\mu}(x)\right. \\ &- \beta_1(SB)^{-1}\left|\boldsymbol{SA}\right|\Delta\mu\,\mathrm{sgn}\left[Sq_{\mu}(x)\right] - \beta_1F_2(SB)^{-1}\,\mathrm{sgn}\left[Sq_{\mu}(x)\right]\left|\boldsymbol{SA}\right|\left|q_{\mu}(x)\right| \end{aligned}$$

$$
\begin{aligned}
&-\beta_1 F_1 \operatorname{sgn}\left[Sq_\mu(x)\right]\left[\left|q_\mu(x)\right|+\Delta\mu\right]-K(SB)^{-1}Sq_\mu(x)+d(t,x,u)\Big\} \\
&=s^2(x)-\delta^2(x)-x^{\mathrm{T}}\mathfrak{R}x-2s(x)(SB)^{-1}\Big\{S\boldsymbol{A}x+S\boldsymbol{A}e_\mu \\
&\quad+\beta_1|S\boldsymbol{A}|\Delta\mu\operatorname{sgn}\left[Sq_\mu(x)\right]+\beta_1F_2\operatorname{sgn}\left[Sq_\mu(x)\right]|S\boldsymbol{A}|\left|q_\mu(x)\right| \\
&\quad+\beta_1F_1\operatorname{sgn}\left[Sq_\mu(x)\right]SB\left[\left|q_\mu(x)\right|+\Delta\mu\right]+KSx+KSe_\mu\Big\}+2s(x)d(t,x,u) \\
&=-\left[2K(SB)^{-1}-1\right]s^2(x)-\delta^2(x)-x^{\mathrm{T}}\mathfrak{R}x-2s(x)(SB)^{-1}\Big\{S\boldsymbol{A}x+S\boldsymbol{A}e_\mu \\
&\quad+\beta_1|S\boldsymbol{A}|\Delta\mu\operatorname{sgn}\left[Sq_\mu(x)\right]+\beta_1F_2\operatorname{sgn}\left[Sq_\mu(x)\right]|S\boldsymbol{A}|\left|q_\mu(x)\right| \\
&\quad+\beta_1F_1\operatorname{sgn}\left[Sq_\mu(x)\right]SB\left[\left|q_\mu(x)\right|+\Delta\mu\right]+KSx+KSe_\mu\Big\}+2s(x)d(t,x,u)
\end{aligned}
$$

由 $K>\dfrac{SB}{2}$，$|s(x)|\geqslant\alpha\delta(x)$，知

$$
\begin{aligned}
\dot{L}(x)&\leqslant-2\left[2K(SB)^{-1}-1\right]\alpha^2\delta^2(x)-\delta^2(x)-x^{\mathrm{T}}\mathfrak{R}x-2s(x)(SB)^{-1}\Big\{S\boldsymbol{A}x \\
&\quad+S\boldsymbol{A}e_\mu+\beta_1|S\boldsymbol{A}|\Delta\mu\operatorname{sgn}\left[Sq_\mu(x)\right]+\beta_1F_2\operatorname{sgn}\left[Sq_\mu(x)\right]|S\boldsymbol{A}|\left|q_\mu(x)\right| \\
&\quad+\beta_1F_1\operatorname{sgn}\left[Sq_\mu(x)\right]SB\left[\left|q_\mu(x)\right|+\Delta\mu\right]+KSx+KSe_\mu\Big\}+2s(x)d(t,x,u) \\
&\leqslant-2K(SB)^{-1}\alpha^2\delta^2(x)-x^{\mathrm{T}}\mathfrak{R}x-2s(x)(SB)^{-1}\Big\{S\boldsymbol{A}x+S\boldsymbol{A}e_\mu \\
&\quad+\beta_1|S\boldsymbol{A}|\Delta\mu\operatorname{sgn}\left[Sq_\mu(x)\right]+\beta_1F_2\operatorname{sgn}\left[Sq_\mu(x)\right]|S\boldsymbol{A}|\left|q_\mu(x)\right| \\
&\quad+\beta_1F_1\operatorname{sgn}\left[Sq_\mu(x)\right]SB\left[\left|q_\mu(x)\right|+\Delta\mu\right]+KSx+KSe_\mu\Big\}+2s(x)d(t,x,u)
\end{aligned}
$$

由于 $\delta^2(x)=rx^{\mathrm{T}}\boldsymbol{Q}x$，可得

$$
\begin{aligned}
\dot{L}(x)&\leqslant-2K(SB)^{-1}\alpha^2rx^{\mathrm{T}}\boldsymbol{Q}x-x^{\mathrm{T}}\mathfrak{R}x-2s(x)(SB)^{-1}\Big\{S\boldsymbol{A}x+S\boldsymbol{A}e_\mu \\
&\quad+\beta_1|S\boldsymbol{A}|\Delta\mu\operatorname{sgn}\left[Sq_\mu(x)\right]+\beta_1F_2\operatorname{sgn}\left[Sq_\mu(x)\right]|S\boldsymbol{A}|\left|q_\mu(x)\right| \\
&\quad+\beta_1F_1\operatorname{sgn}\left[Sq_\mu(x)\right]SB\left[\left|q_\mu(x)\right|+\Delta\mu\right]+KSx+KSe_\mu\Big\}+2s(x)d(t,x,u) \\
&=-(SB)^{-1}x^{\mathrm{T}}\left(2K\alpha^2r\boldsymbol{Q}+S^{\mathrm{T}}S\boldsymbol{A}+\boldsymbol{A}^{\mathrm{T}}S^{\mathrm{T}}S\right)x-x^{\mathrm{T}}\mathfrak{R}x-2s(x)(SB)^{-1} \\
&\quad\times\Big\{S\boldsymbol{A}e_\mu+\beta_1|S\boldsymbol{A}|\Delta\mu\operatorname{sgn}\left[Sq_\mu(x)\right]+\beta_1F_2\operatorname{sgn}\left[Sq_\mu(x)\right]|S\boldsymbol{A}|\left|q_\mu(x)\right| \\
&\quad+\beta_1F_1\operatorname{sgn}\left[Sq_\mu(x)\right]SB\left[\left|q_\mu(x)\right|+\Delta\mu\right]+KSe_\mu\Big\}+2s(x)d(t,x,u)
\end{aligned}
\tag{4.39}
$$

考虑下面四项：$-2s(x)(SB)^{-1}S\boldsymbol{A}e_\mu$，$-2s(x)(SB)^{-1}KSe_\mu$，$2s(x)d(t,x,u)$ 与 $-2s(x)\times(SB)^{-1}\Big\{\beta_1|S\boldsymbol{A}|\Delta\mu\operatorname{sgn}\left[Sq_\mu(x)\right]+\beta_1F_2\operatorname{sgn}\left[Sq_\mu(x)\right]|S\boldsymbol{A}|\left|q_\mu(x)\right|+\beta_1F_1\operatorname{sgn}\left[Sq_\mu(x)\right]SB\times\left[\left|q_\mu(x)\right|+\Delta\mu\right]\Big\}$。利用引理 3.1 中式（3.11）与 $|s(x)|=\left|Sq_\mu(x)-Se_\mu\right|\leqslant\left|Sq_\mu(x)\right|$

$+\frac{1}{\beta}\left|Sq_{\mu}(x)\right|$，易得

$$
\begin{aligned}
-2s(x)(SB)^{-1}SAe_{\mu} &\leqslant 2\left|s(x)\right|(SB)^{-1}\left|SA\right|\Delta\mu \\
&\leqslant 2\frac{\beta+1}{\beta}(SB)^{-1}\left|SA\right|\Delta\mu\left|Sq_{\mu}(x)\right| \qquad (4.40)
\end{aligned}
$$

结合式（3.11）与 $\left|Sq_{\mu}(x)\right| \leqslant \frac{\beta}{\beta-1}\left|Sx\right|$，可得

$$
\begin{aligned}
-2s(x)(SB)^{-1}KSe_{\mu} &\leqslant 2K(SB)^{-1}\left|s(x)\right|\left|Se_{\mu}\right| \\
&\leqslant 2K(SB)^{-1}\left|s(x)\right|\times\frac{1}{\beta}\left|Sq_{\mu}(x)\right| \\
&\leqslant \frac{2K}{\beta-1}(SB)^{-1}s^{2}(x) \qquad (4.41)
\end{aligned}
$$

对于 $2s(x)d(t,x,u)$，应用 $d(t,x,u)=f_1x+f_2u$ 和式（4.31）及基本不等式 $2ab \leqslant \frac{1}{\alpha_1}a^2+\alpha_1 b^2$，其中 $\alpha_1>0$，可得

$$
\begin{aligned}
2s(x)d(t,x,u) &= 2s(x)f_1x+2s(x)f_2u \\
&\leqslant \frac{1}{\alpha_1}s^2(x)+\alpha_1 x^{\mathrm{T}}f_1^{\mathrm{T}}f_1x+2s(x)f_2(u_1+u_2) \\
&= \frac{1}{\alpha_1}s^2(x)+\alpha_1 x^{\mathrm{T}}f_1^{\mathrm{T}}f_1x-2s(x)f_2(SB)^{-1}SAq_{\mu}(x)+2s(x)f_2u_2 \\
&= \frac{1}{\alpha_1}s^2(x)+\alpha_1 x^{\mathrm{T}}f_1^{\mathrm{T}}f_1x-2s(x)f_2(SB)^{-1}SAx \\
&\quad -2s(x)f_2(SB)^{-1}SAe_{\mu}+2s(x)f_2u_2 \\
&\leqslant \frac{1}{\alpha_1}s^2(x)+\alpha_1 x^{\mathrm{T}}f_1^{\mathrm{T}}f_1x-2s(x)f_2(SB)^{-1}SAx \\
&\quad +2\left|s(x)\right|F_2(SB)^{-1}\left|SA\right|\Delta\mu+2\left|s(x)\right|F_2\left|u_2\right| \qquad (4.42)
\end{aligned}
$$

进一步，结合式（4.32）得

$$
\begin{aligned}
2\left|s(x)\right|F_2\left|u_2\right| &\leqslant 2\frac{\beta+1}{\beta}\left|Sq_{\mu}(x)\right|F_2\left|u_2\right| \\
&= \frac{2(\beta+1)}{\beta}\left|Sq_{\mu}(x)\right|F_2(SB)^{-1}\left\{\beta_1\left|SA\right|\Delta\mu+\beta_1F_2\left|SA\right|\left|q_{\mu}(x)\right|\right. \\
&\quad \left.+\beta_1F_1SB\left[\left|q_{\mu}(x)\right|+\Delta\mu\right]+K\left|Sq_{\mu}(x)\right|\right\} \qquad (4.43)
\end{aligned}
$$

根据式（4.42）与式（4.43）可知

$$
\begin{aligned}
2s(x)d(t,x,u) \leqslant & \frac{1}{\alpha_1}s^2(x)+\alpha_1 x^{\mathrm{T}} f_1^{\mathrm{T}} f_1 x - 2s(x) f_2 (SB)^{-1} S\boldsymbol{A}x \\
& + 2\left|s(x)\right| F_2 (SB)^{-1}\left|S\boldsymbol{A}\right|\Delta\mu \\
& + \frac{2(\beta+1)}{\beta}\left|Sq_{\mu}(x)\right| F_2 (SB)^{-1}\left\{\beta_1\left|S\boldsymbol{A}\right|\Delta\mu\right. \\
& \left. + \beta_1 F_2\left|S\boldsymbol{A}\right|\left|q_{\mu}(x)\right| + \beta_1 F_1 SB\left[\left|q_{\mu}(x)\right|+\Delta\mu\right] + K\left|Sq_{\mu}(x)\right|\right\}
\end{aligned} \tag{4.44}
$$

此外，利用 $Sx = Sq_{\mu}(x) - Se_{\mu}$ 与引理 3.1 中的式（3.11），可得

$$
\begin{aligned}
& -2s(x)(SB)^{-1}\left\{\beta_1\left|S\boldsymbol{A}\right|\Delta\mu\,\mathrm{sgn}\left[Sq_{\mu}(x)\right]\right. \\
& \left. + \beta_1 F_2\,\mathrm{sgn}\left[Sq_{\mu}(x)\right]\left|S\boldsymbol{A}\right|\left|q_{\mu}(x)\right| + \beta_1 F_1\,\mathrm{sgn}\left[Sq_{\mu}(x)\right] SB\left[\left|q_{\mu}(x)\right|+\Delta\mu\right]\right\} \\
= & -2Sq_{\mu}(x)(SB)^{-1}\left\{\beta_1\left|S\boldsymbol{A}\right|\Delta\mu\,\mathrm{sgn}\left[Sq_{\mu}(x)\right]\right. \\
& \left. + \beta_1 F_2\,\mathrm{sgn}\left[Sq_{\mu}(x)\right]\left|S\boldsymbol{A}\right|\left|q_{\mu}(x)\right| + \beta_1 F_1\,\mathrm{sgn}\left[Sq_{\mu}(x)\right] SB\left[\left|q_{\mu}(x)\right|+\Delta\mu\right]\right\} \\
& + 2Se_{\mu}(SB)^{-1}\left\{\beta_1\left|S\boldsymbol{A}\right|\Delta\mu\,\mathrm{sgn}\left[Sq_{\mu}(x)\right]\right. \\
& \left. + \beta_1 F_2\,\mathrm{sgn}\left[Sq_{\mu}(x)\right]\left|S\boldsymbol{A}\right|\left|q_{\mu}(x)\right| + \beta_1 F_1\,\mathrm{sgn}\left[Sq_{\mu}(x)\right] SB\left[\left|q_{\mu}(x)\right|+\Delta\mu\right]\right\} \\
\leqslant & -2(SB)^{-1}\left\{\beta_1\left|S\boldsymbol{A}\right|\Delta\mu\left|Sq_{\mu}(x)\right|\right. \\
& \left. + \beta_1 F_2\left|Sq_{\mu}(x)\right|\left|S\boldsymbol{A}\right|\left|q_{\mu}(x)\right| + \beta_1 F_1\left|Sq_{\mu}(x)\right| SB\left[\left|q_{\mu}(x)\right|+\Delta\mu\right]\right\} \\
& + \frac{2}{\beta}(SB)^{-1}\left\{\beta_1\left|S\boldsymbol{A}\right|\Delta\mu\left|Sq_{\mu}(x)\right|\right. \\
& \left. + \beta_1 F_2\left|Sq_{\mu}(x)\right|\left|S\boldsymbol{A}\right|\left|q_{\mu}(x)\right| + \beta_1 F_1\left|Sq_{\mu}(x)\right| SB\left[\left|q_{\mu}(x)\right|+\Delta\mu\right]\right\} \\
= & -2\frac{\beta-1}{\beta}(SB)^{-1}\left\{\beta_1\left|S\boldsymbol{A}\right|\Delta\mu\left|Sq_{\mu}(x)\right| + \beta_1 F_2\left|Sq_{\mu}(x)\right|\left|S\boldsymbol{A}\right|\left|q_{\mu}(x)\right|\right. \\
& \left. + \beta_1 F_1\left|Sq_{\mu}(x)\right| SB\left[\left|q_{\mu}(x)\right|+\Delta\mu\right]\right\}
\end{aligned} \tag{4.45}
$$

结合式（4.39）～式（4.41）和式（4.44）与式（4.45），易得

$$
\begin{aligned}
\dot{L}(x) \leqslant & -(SB)^{-1}x^{\mathrm{T}}\left(2K\alpha^2 r\boldsymbol{Q} + S^{\mathrm{T}}S\boldsymbol{A} + \boldsymbol{A}^{\mathrm{T}}S^{\mathrm{T}}S\right)x - x^{\mathrm{T}}\boldsymbol{\Re}x \\
& + \frac{2(\beta+1)}{\beta}(SB)^{-1}\left|S\boldsymbol{A}\right|\Delta\mu\left|Sq_{\mu}(x)\right|(1+F_2+F_2\beta_1) \\
& - \frac{2(\beta-1)}{\beta}(SB)^{-1}\left\{\beta_1\left|S\boldsymbol{A}\right|\Delta\mu\left|Sq_{\mu}(x)\right|\right. \\
& \left. + \beta_1 F_2\left|Sq_{\mu}(x)\right|\left|Sq_{\mu}(x)\right|\left|S\boldsymbol{A}\right|\left|q_{\mu}(x)\right| + \beta_1 F_1\left|Sq_{\mu}(x)\right| SB\left[\left|q_{\mu}(x)\right|+\Delta\mu\right]\right\}
\end{aligned}
$$

$$+\frac{2K}{\beta-1}(SB)^{-1}s^2(x)+\frac{1}{\alpha_1}s^2(x)+\alpha_1x^{\mathrm{T}}f_1^{\mathrm{T}}f_1x-2s(x)f_2(SB)^{-1}S\boldsymbol{A}x$$

$$+\frac{2(\beta+1)}{\beta}\left|Sq_\mu(x)\right|F_2(SB)^{-1}\Big\{\beta_1F_2\left|S\boldsymbol{A}\right|\left|q_\mu(x)\right|$$

$$+\beta_1F_1SB\Big[\left|q_\mu(x)\right|+\Delta\mu\Big]+K\left|Sq_\mu(x)\right|\Big\} \tag{4.46}$$

结合参数 β_1 的选取并进行简单推导，可得

$$\frac{2(\beta+1)}{\beta}(SB)^{-1}\left|S\boldsymbol{A}\right|\Delta\mu\left|Sq_\mu(x)\right|(1+F_2+F_2\beta_1)$$

$$-\frac{2(\beta-1)}{\beta}(SB)^{-1}\beta_1\left|S\boldsymbol{A}\right|\Delta\mu\left|Sq_\mu(x)\right|\leqslant 0 \tag{4.47}$$

进一步，注意到 $\beta>\dfrac{1+F_2}{1-F_2}$，易得

$$-\frac{2(\beta-1)}{\beta}(SB)^{-1}\Big\{\beta_1F_2\left|S\boldsymbol{A}\right|\left|q_\mu(x)\right|\left|Sq_\mu(x)\right|+\beta_1F_1SB\Big[\left|q_\mu(x)\right|+\Delta\mu\Big]\left|Sq_\mu(x)\right|\Big\}$$

$$+\frac{2(\beta+1)}{\beta}\left|Sq_\mu(x)\right|F_2(SB)^{-1}\Big\{\beta_1F_2\left|S\boldsymbol{A}\right|\left|q_\mu(x)\right|+\beta_1F_1SB\Big[\left|q_\mu(x)\right|+\Delta\mu\Big]\Big\}\leqslant 0 \tag{4.48}$$

从式（4.46）～式（4.48）可得

$$\dot{L}(x)\leqslant-(SB)^{-1}x^{\mathrm{T}}\left(2K\alpha^2r\boldsymbol{Q}+S^{\mathrm{T}}S\boldsymbol{A}+\boldsymbol{A}^{\mathrm{T}}S^{\mathrm{T}}S\right)x-x^{\mathrm{T}}\mathfrak{R}x$$

$$+\frac{2K}{\beta-1}(SB)^{-1}s^2(x)+\frac{1}{\alpha_1}s^2(x)+\alpha_1x^{\mathrm{T}}f_1^{\mathrm{T}}f_1x-2s(x)f_2(SB)^{-1}S\boldsymbol{A}x$$

$$+\frac{2(\beta+1)}{\beta}F_2K(SB)^{-1}\left|Sq_\mu(x)\right|^2$$

由于 $\left|Sq_\mu(x)\right|\leqslant\dfrac{\beta}{\beta-1}\left|Sx\right|$，应用不等式 $2ab\leqslant\dfrac{1}{\alpha_2}a^2+\alpha_2b^2$，其中 $\alpha_2>0$，易得

$$\dot{L}(x)\leqslant-(SB)^{-1}x^{\mathrm{T}}\left(2K\alpha^2r\boldsymbol{Q}+S^{\mathrm{T}}S\boldsymbol{A}+\boldsymbol{A}^{\mathrm{T}}S^{\mathrm{T}}S\right)x-x^{\mathrm{T}}\mathfrak{R}x+\frac{2K}{\beta-1}(SB)^{-1}s^2(x)$$

$$+\frac{1}{\alpha_1}s^2(x)+\alpha_1x^{\mathrm{T}}f_1^{\mathrm{T}}f_1x+(SB)^{-1}\left(\frac{1}{\alpha_2}x^{\mathrm{T}}S^{\mathrm{T}}Sx+\alpha_2F_2^2x^{\mathrm{T}}\boldsymbol{A}^{\mathrm{T}}S^{\mathrm{T}}S\boldsymbol{A}x\right)$$

$$+\frac{2\beta(\beta+1)}{(\beta-1)^2}(SB)^{-1}F_2K\left|Sx\right|^2$$

$$=-x^{\mathrm{T}}\mathfrak{R}x-(SB)^{-1}x^{\mathrm{T}}\Bigg[2K\alpha_2r\boldsymbol{Q}+S^{\mathrm{T}}S\boldsymbol{A}+\boldsymbol{A}^{\mathrm{T}}S^{\mathrm{T}}S-\frac{1}{\alpha_1}SBS^{\mathrm{T}}S-\alpha_1F_1^2SB$$

$$-\frac{2K}{\beta-1}S^{\mathrm{T}}S-\frac{1}{\alpha_2}S^{\mathrm{T}}S-\alpha_2F_2^2\boldsymbol{A}^{\mathrm{T}}S^{\mathrm{T}}S\boldsymbol{A}-\frac{2\beta(\beta+1)}{(\beta-1)^2}F_2KS^{\mathrm{T}}S\Bigg]x$$

注意到参数 K 满足式（4.34），可知 $\dot{L}(x) \leqslant -x^{\mathrm{T}}\mathfrak{R}x$ 。

当系统状态位于 PR–滑动扇区内，即 $|s(x)| \leqslant \delta(x)$ 时，证明过程类似于文献[108]中定理 14 的证明。即

$$\begin{aligned}
\dot{L}(x) &= \dot{x}^{\mathrm{T}}\boldsymbol{P}x + x^{\mathrm{T}}\boldsymbol{P}\dot{x} \\
&= x^{\mathrm{T}}(\boldsymbol{A}^{\mathrm{T}}\boldsymbol{P} + \boldsymbol{P}\boldsymbol{A})x + 2x^{\mathrm{T}}\boldsymbol{P}Bf_1(t)x \\
&= x^{\mathrm{T}}(\boldsymbol{P}BB^{\mathrm{T}}\boldsymbol{P} - \boldsymbol{Q})x + 2x^{\mathrm{T}}\boldsymbol{P}Bf_1(t)x \\
&= s^2(x) - \delta^2(x) - x^{\mathrm{T}}\mathfrak{R}x + 2s(x)f_1(t)x \\
&\leqslant -x^{\mathrm{T}}\mathfrak{R}x + 2\delta(x)\sqrt{x^{\mathrm{T}}f_1^{\mathrm{T}}(t)f_1(t)x} \\
&\leqslant -x^{\mathrm{T}}\mathfrak{R}x + 2\delta(x)\sqrt{x^{\mathrm{T}}F_1^{\mathrm{T}}F_1x}
\end{aligned}$$

应用式（4.35），可知

$$\begin{aligned}
\dot{L}(x) &\leqslant -x^{\mathrm{T}}\mathfrak{R}x + 2\sqrt{x^{\mathrm{T}}r\boldsymbol{Q}x}\sqrt{x^{\mathrm{T}}\frac{(1-r)^2}{4r}\gamma^2\boldsymbol{Q}x} \\
&= -x^{\mathrm{T}}\mathfrak{R}x + \gamma(1-r)x^{\mathrm{T}}\boldsymbol{Q}x \\
&= -x^{\mathrm{T}}\mathfrak{R}x + \gamma x^{\mathrm{T}}\mathfrak{R}x \\
&= -(1-\gamma)x^{\mathrm{T}}\mathfrak{R}x
\end{aligned}$$

综上，获得闭环系统的二次稳定。

证毕。

显而易见，当不考虑模型不确定性时，条件式（4.33）能够退化成不等式条件式（4.14）。

4.4 仿真算例

本节给出一个数值例子进一步说明本章设计方法的有效性。

考虑如下的线性不确定系统[108]：

$$\dot{x}(t) = \begin{bmatrix} 0.5 & 0 \\ 0 & -2.5 \end{bmatrix} x(t) + \begin{bmatrix} 1 \\ 1 \end{bmatrix} [u + d(t,x,u)]$$

假设不确定性 $d(t,x,u) = f_1(t)x + f_2(t)u$ 。其中， $f_1 = [0.1\sin(t) \quad 0.1\cos(t)]$ ； $f_2 = 0.05\sin(2t)$ 。从而可以选择 $F_1 = 0.15$ ， $F_2 = 0.05$ 。令 $\boldsymbol{Q} = 4\boldsymbol{I}_2$ ，求解 Riccati 方程式（4.7），可得

$$\boldsymbol{P} = \begin{bmatrix} 3.1111 & -0.4444 \\ -0.4444 & 0.7778 \end{bmatrix}$$

则切换向量为 $S = B^{\mathrm{T}}\boldsymbol{P} = [2.6667 \quad 0.3333]$。选取参数 $r = 0.5$，$\alpha = 0.9$，可得 $\boldsymbol{\Omega} = r\boldsymbol{Q} = 2\boldsymbol{I}_2$ 与 $\boldsymbol{\mathfrak{R}} = 2\boldsymbol{I}_2$，进而获得 PR-滑动扇区式（4.8）～式（4.9）。此外，通过选取参数 $\alpha_1 = \alpha_2 = 2$，$\gamma = 0.8$，$K = 15$ 及 $\beta = 10$，容易验证条件式（4.33）～式（4.35）成立，从而构造出控制器式（4.30）。在仿真中，选取 $\theta = 0.5$，并设初始值为 $x_0 = [-2 \quad -1]$。采用 Simulink 软件进行仿真，结果如图 4.1～图 4.5 所示。其中，图 4.1～图 4.3 分别给出系统状态、控制输入及滑模函数的响应曲线图。量化参数 μ 的调节情况在图 4.4 中描述。容易看出量化参数的调节是一个分段常值形式，即为静态调节。从图 4.5 可以看出，状态变量的 P-范数 $|x|_{\boldsymbol{P}}$ 随着时间 t 的增加而减少。仿真结果验证了本章设计的基于滑动扇区方法的量化反馈变结构控制策略能够二次镇定不确定线性系统而不发生抖振现象。

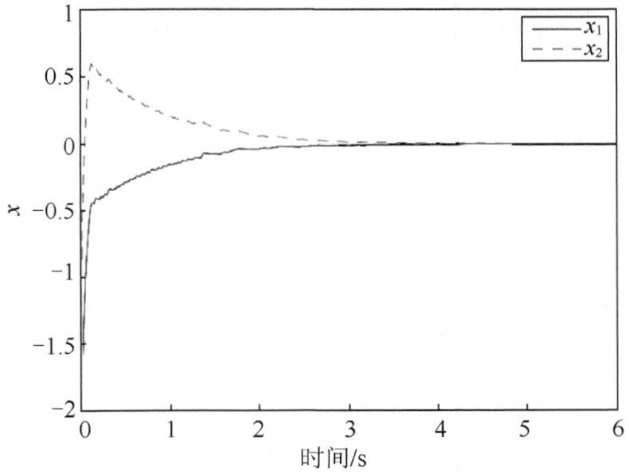

图 4.1　系统的状态响应

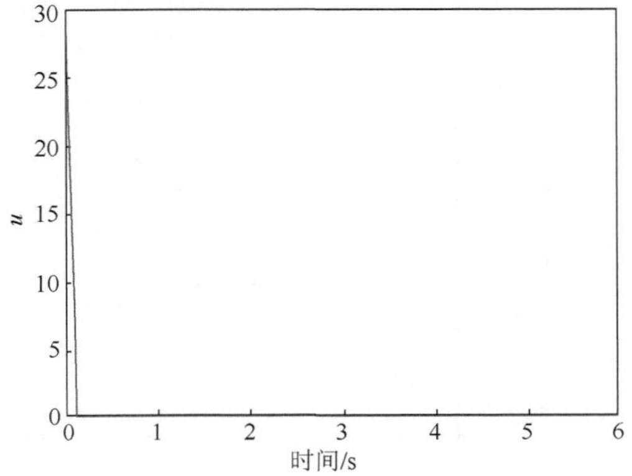

图 4.2　系统的控制输入响应

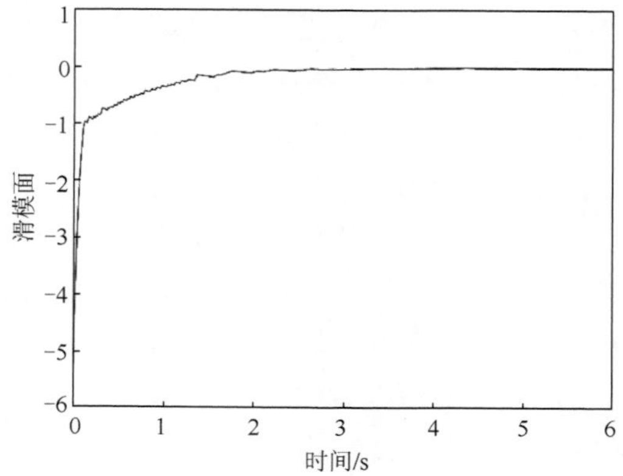

图 4.3　滑模面响应曲线

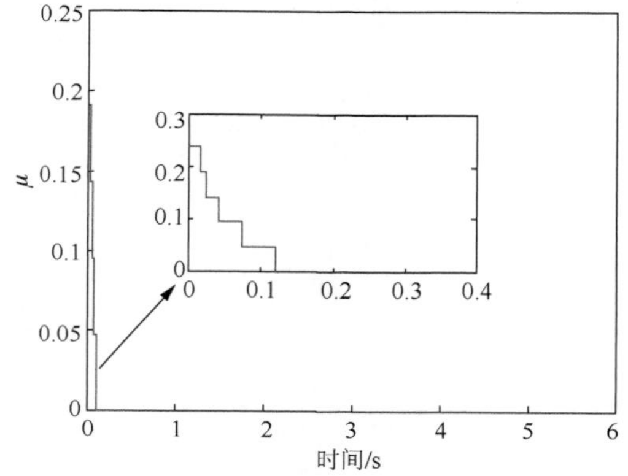

图 4.4　量化参数 μ 的响应曲线

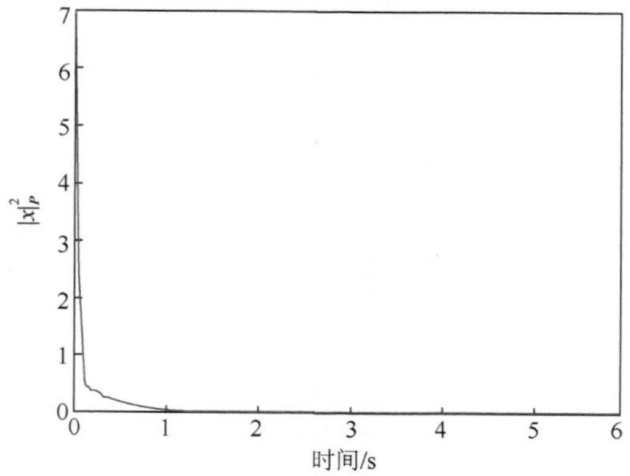

图 4.5　响应曲线：$|x|_P^2$

4.5 本章小结

本章考虑了采用 PR-滑动扇区方法的量化反馈变结构控制设计问题。提出的量化反馈变结构控制策略能够确保一类连续时间线性不确定系统二次镇定，并且避免抖振现象的发生。最后给出的仿真算例进一步说明了本章方法的有效性。

5

基于切换滑模变结构控制的平面系统量化反馈镇定

5.1 引言

如第 3 章和第 4 章所述，由于数字通信设施及数字计算机在现代控制系统中的广泛使用，量化反馈控制问题已经成为控制领域一个非常活跃的研究领域。在第 3 章和第 4 章的量化反馈变结构控制设计的研究中，仅考虑了量化的其中一个重要问题：有限字长的影响。本章同时考虑量化的另一个重要问题：量化饱和问题。

在本章中，考虑了一类线性不确定平面系统带有饱和量化状态测量的量化反馈滑模变结构控制的镇定问题，给出一个新的基于切换的控制策略。首先，通过引入两条切换线 $s_1(x)=0$ 与 $s_2(x)=0$，给出一个由扇形区域构成的平面空间的划分，并在每个扇形区域上给出量化参数的调节策略。然后通过设计的离散在线量化参数的调节策略，使滑模量化反馈控制器能够让状态轨迹到达期望的切换线 $s_0(x)=0$，从而实现系统的鲁棒镇定。这种设计方法既克服了量化饱和的限制要求，又充分利用了滑模变结构控制设计的优点，有效地克服系统模型不确定性及外部扰动的影响。最后，给出的仿真算例进一步说明本章算法的有效性。

5.2 问题描述

考虑如下的线性不确定系统

$$\dot{x} = \boldsymbol{A}x + B\left[u + d(t,x)\right] \tag{5.1}$$

式中，$x(t) \in R^2$ 为系统状态；$u \in R$ 为系统控制输入；$d(t,x)$ 是系统中存在的干扰或未建模动态，满足 $|d(t,x)| \leqslant \bar{d}$，其中，参数 $\bar{d}$ 为已知常数。

本章考虑的系统是二维系统。尽管从工程应用的角度，研究 n 维系统 $(n > 2)$ 更符合实际要求。然而，考虑二维系统，如文献[213]～文献[216]，甚至一维系统，如文献[217]～文献[221]，是进行该方向研究的一个比较适合的框架。

本章假设矩阵对 $(\boldsymbol{A}, B)$ 是完全能控的。图 5.1 给出了本章考虑系统的结构图。在本章中，量化器被看成是一个分段常值函数 $q: R^n \to D$，其中，D 是 R^n 上的一个有限子集，满足：如果 $|z| \leqslant M$，则 $|q(z) - z| \leqslant \varDelta$。

当量化器不饱和时，这个条件给出了量化误差的上界。其中，M 和 $\varDelta$ 分别表示量化器 $q(\cdot)$ 的量化范围与误差[5, 6]。

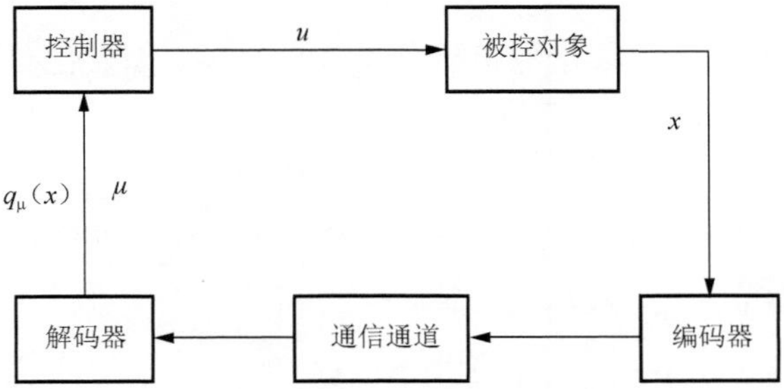

图 5.1 控制系统结构图

在本章的研究策略中将用到如下的单参数族量化器[6, 49]：

$$q_\mu(z) \overset{\text{def}}{=} \mu q\left(\frac{z}{\mu}\right), \quad \mu > 0 \tag{5.2}$$

式中，与第 3 章和第 4 章相同，量化参数 μ 为量化器的量化水平或量化灵敏度；$q_\mu(\cdot)$ 为带有量化水平 μ 的均匀量化器。定义量化误差 $e_\mu = q_\mu(z) - z$，这个量化器的量化范围为 $M\mu$，量化误差为 $\varDelta\mu$。即如果 $|z| \leqslant M\mu$，则

$$|e_\mu| = |q_\mu(z) - z| \leqslant \varDelta\mu \tag{5.3}$$

5.3　基于切换滑模变结构量化反馈控制设计

考虑如下的线性切换线

$$s_0(x)=C_0x=0 \tag{5.4}$$

式中，切换向量 C_0 满足 $C_0B\neq 0$ 。假设设计的切换线 $s_0(x)=0$ 能够保证系统处于滑动模态时具有良好的性能。

本章的主要控制目标是设计一个新的滑模变结构量化反馈控制器使得在满足量化饱和的前提下保证系统状态能够到达指定的切换线 $s_0(x)=0$ 。

引理 5.1：固定任意常数 $\beta>1$，假设参数 $\mu>0$ 满足

$$\mu\leqslant\frac{|C_0x|}{(\beta+1)|C_0|\varDelta} \tag{5.5}$$

则不等式

$$|C_0e_{\mu}|\leqslant|C_0|\varDelta\mu\leqslant\frac{1}{\beta}|C_0q_{\mu}(x)| \tag{5.6}$$

成立。

证明：参见引理 3.1 的证明，不再赘述。

综合条件式（5.5）与量化饱和要求 $|x|\leqslant M\mu$ ，可知量化参数 μ 需要满足

$$\frac{|x|}{M}\leqslant\mu\leqslant\frac{|C_0x|}{(\beta+1)|C_0|\varDelta} \tag{5.7}$$

显然，不可能在整个状态空间 R^2 上调节量化参数 μ 满足式（5.7）。本章为了设计量化参数的调节策略，将构造三条切换线 $s_i(x)=C_ix=0$ ， $i=0,1,2$ ，将状态空间 R^2 进行划分，使得在相应的划分区域上满足 $\dfrac{|x|}{M}\leqslant\mu\leqslant\dfrac{|C_\sigma x|}{(\beta+1)|C_\sigma|\varDelta}$ ， $\sigma=0,1,2$ ，进而在每个划分区域上给出量化参数 μ 的调节方式。

尽管切换线 $s_i(x)=C_ix=0$ ， $i=0,1,2$ ，需要用到系统状态的信息，这与量化状态反馈并不矛盾。理由包括两点：首先，在编码器端，状态信号量化之前，系统状态的信息是可获知的；其次，本章设计的控制器使用的是系统的量化状态信号，详见定理 5.2。因此，实际工程应用中这样的设计是合理、可实现的。

在数学上，切换线的表示形式有多种。为了本章陈述的方便，规定：当切换线 $s_i(x)=0$ 不是 x_1 -轴时，令 $s_i(x)=c_i^1x_1+c_i^2x_2=0$ ， $c_i^1>0$ ；当切换线 $s_i(x)=0$ 为 x_1 -轴时，令 $s_i(x)=x_2=0$ 。切换线的构造如图 5.2 所示。

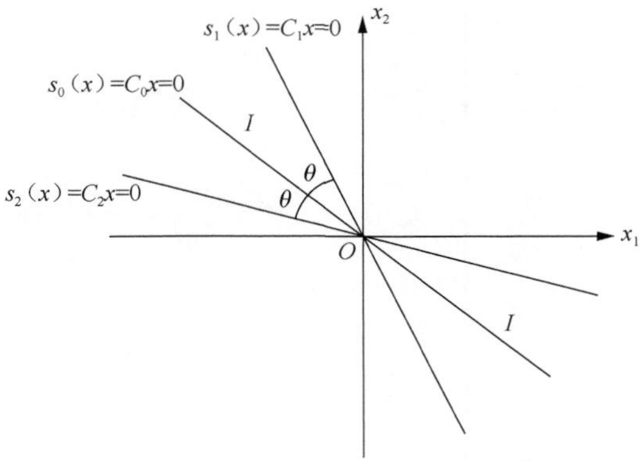

图 5.2　切换线的构造

下面给出式（5.7）成立的条件，然后给出一个量化参数的静态调节法则。过程包括两步。第一步，首先给出不等式$\dfrac{|x|}{M}\leqslant\dfrac{|C_0x|}{(\beta+1)|C_0|\varDelta}$成立的充要条件；然后，在 5.3.1 节中通过引入两条切换线$s_1(x)=0$与$s_2(x)=0$，给出状态空间的一个划分，这个划分是由几个扇形区域构成；随后给出一个切换逻辑，指出哪条切换线在量化参数的调节时处于激活状态。第二步，证明只要M足够大（有限），就能够保证在每个相应的区域满足不等式$\dfrac{|x|}{M}\leqslant\mu\leqslant\dfrac{|C_\sigma x|}{(\beta+1)|C_\sigma|\varDelta}$，$\sigma=0,1,2$，然后在 5.3.2 节中给出量化参数的静态调节法则。

下面给出一个定理来说明不等式$\dfrac{|x|}{M}\leqslant\dfrac{|C_0x|}{(\beta+1)|C_0|\varDelta}$成立的条件。

定理 5.1：假设$\beta>1$，$C_0\in R^2$为已知参数，则不等式$\dfrac{|x|}{M}\leqslant\dfrac{|C_0x|}{(\beta+1)|C_0|\varDelta}$成立的充分必要条件是$x$位于扇形区域$I=\{x:s_1(x)s_2(x)<0\}$之外。其中，参数$\theta$满足$\sin\theta=\dfrac{(\beta+1)\varDelta}{M}$；$M$满足$M>(\beta+1)\varDelta$。

证明：对不等式$\dfrac{|x|}{M}\leqslant\dfrac{|C_0x|}{(\beta+1)|C_0|\varDelta}$做一个简单的变换，可知$\dfrac{|C_0x|}{|C_0|}\geqslant\dfrac{(\beta+1)\varDelta}{M}|x|$。因为$\sin\theta=\dfrac{(\beta+1)\varDelta}{M}$且$M>(\beta+1)\varDelta$，这意味着$\dfrac{|C_0x|}{|C_0|}\geqslant|x|\sin\theta$。另一方面，如图 5.3 所示，在状态空间上任取一个点A（以空心星号表示）。假设点A的坐标为y，由点到直线的距离公式可得点A到直线$s_0(x)=C_0x=0$的距离为$d=\dfrac{|C_0y|}{|C_0|}$。

此外，点 A 到坐标原点的距离为 $|y|$。假设直线 OA 与切换线 $s_0(x)=C_0x=0$ 之间的夹角为 γ，$\gamma\in\left(0,\dfrac{\pi}{2}\right)$，可知 $d=\dfrac{|C_0y|}{|C_0|}=|y|\sin\gamma$。可以验证：夹角 γ 越大，则比值 $d=\dfrac{|C_0y|}{|C_0||y|}$ 越大，反之亦然。由此可见，条件 $\dfrac{|x|}{M}\leqslant\dfrac{|C_0x|}{(\beta+1)|C_0|\varDelta}$ 成立当且仅当 $\gamma\geqslant\theta$。即 x 位于图 5.2 所示的扇形区域 $I=\{x:s_1(x)s_2(x)<0\}$ 外。

证毕。

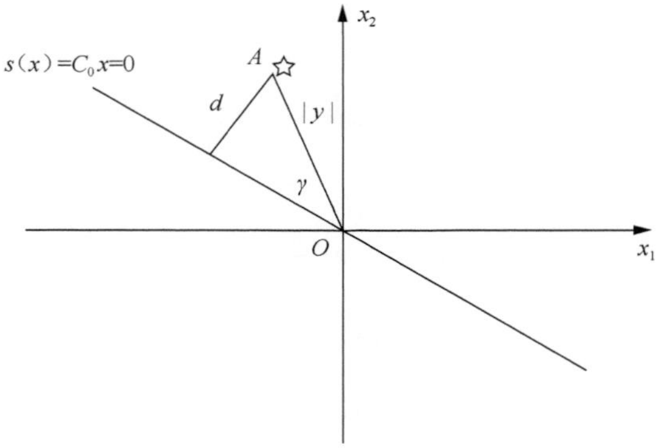

图 5.3　$|y|$ 与 $d=\dfrac{|C_0y|}{|C_0|}$ 的关系图

5.3.1　变量 σ 的切换逻辑

切换线 $s_0(x)=C_0x=0$ 的设计有多种方法，参见文献[193]等。其余的两条切换线 $s_1(x)=C_1x=0$ 和 $s_2(x)=C_2x=0$ 的构造是针对量化饱和限制的。本节结合图 5.2 进行解释。设计 $s_1(x)=0$ 与 $s_2(x)=0$，使得 $s_0(x)=0$ 与 $s_1(x)=0$ 之间及 $s_0(x)=0$ 与 $s_2(x)=0$ 之间的夹角等于 θ $\left(0<\theta<\dfrac{\pi}{2}\right)$，满足 $\sin\theta\geqslant\dfrac{(\beta+1)\varDelta}{M}$。

构造两条切换线 $s_1(x)=0$ 与 $s_2(x)=0$ 是为了在相应的区域满足条件 $\dfrac{|x|}{M}\leqslant\dfrac{|C_\sigma x|}{(\beta+1)|C_\sigma|\varDelta}$，其中，$\sigma\in\{0,1,2\}$。这两条切换线可以任意设计而不需要满足夹角相等。事实上，仅需两个夹角中的较小者不小于 θ 即可。

假设三条切换线的位置如图 5.4 所示。现在给出一个切换逻辑说明三条切换线，即 $s_1(x)=0$，$s_2(x)=0$ 或 $s_0(x)=0$，哪条在量化参数的调节中处于激活状态。

（1）如果 $\{(s_1(x)\leqslant0,s_2(x)\leqslant0)$ 或 $(s_1(x)>0,s_2(x)>0)\}$ 则 $\sigma=0$；

（2）如果 $\{(s_2(x)\leqslant 0, s_0(x)\geqslant 0)$ 或 $(s_2(x)>0, s_0(x)<0)\}$ 则 $\sigma=1$；

（3）如果 $\{(s_0(x)\geqslant 0, s_1(x)\leqslant 0)$ 或 $(s_0(x)<0, s_1(x)>0)\}$ 则 $\sigma=2$。

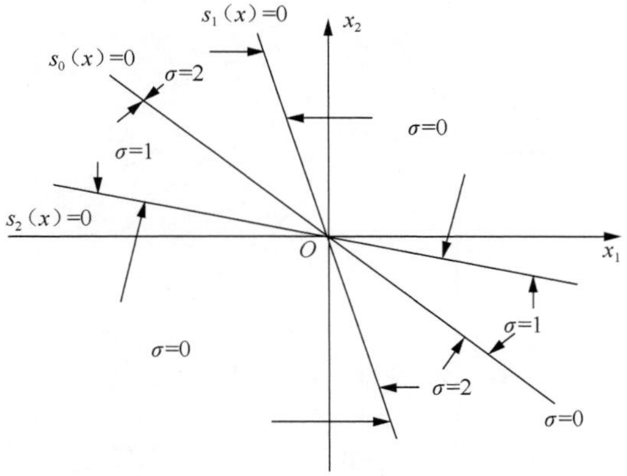

图 5.4　信号 σ 的切换说明图

5.3.2　量化参数 μ 的静态调节策略

本节给出量化参数 μ 的调节法则。首先给出一个命题说明只要饱和参数 M 足够大（有限），就能够在相应区域上找到调节参数 μ 满足关系

$$\frac{|x|}{M}\leqslant\mu\leqslant\frac{|C_\sigma x|}{(\beta+1)|C_\sigma|\Delta},\quad \sigma\in\{0,1,2\}$$

命题 5.1: 固定参数 $\alpha\in(0,1)$，$\beta>1$，$C_\sigma\in R^2$，$\sigma\in\{0,1,2\}$，只要 $M\geqslant\max\{M_0, M_{01}, M_{02}, M_{12}\}$，则在相应的区域上不等式 $\frac{|x|}{M}\leqslant\mu\leqslant\frac{|C_\sigma x|}{(\beta+1)|C_\sigma|\Delta}$ 成立。其中，$M_0\geqslant(\beta+1)\Delta/\sin\theta$；$M_{ij}\geqslant\frac{(\beta+1)|C_i||C_j|\Delta}{|T_{ij}|\alpha}$，$C_i=\begin{bmatrix}c_i^1 & c_i^2\end{bmatrix}$，$T_{ij}=\det\left(\begin{bmatrix}c_i^1 & c_i^2\\ c_j^1 & c_j^2\end{bmatrix}\right)$，$i<j$，$i=0,1,2$ 及 $j=1,2$。

证明：首先，由 5.3.1 节可知 $M\geqslant M_0$。下面证明 $M\geqslant\max\{M_{01}, M_{02}, M_{12}\}$ 即可。不失一般性，仅需在图 5.5 所示的区域 $EFGH$ 上满足上述条件即可。假设在某个时刻系统状态位于图 5.5 所示的点 D 处，由 σ 的切换逻辑知 $\sigma=0$。即对于量化参数的调节而言，切换线 $s_0(x)=0$ 处于激活状态。

由 $0<\alpha<1$ 可知，对于任意的 $|C_0x|$，存在唯一的整数 i 使得 $\alpha^i\leqslant|C_0x|<\alpha^{i-1}$。等价于

$$\frac{\alpha^i}{(\beta+1)|C_0|\Delta}\leqslant\frac{|C_0x|}{(\beta+1)|C_0|\Delta}<\frac{\alpha^{i-1}}{(\beta+1)|C_0|\Delta}\tag{5.8}$$

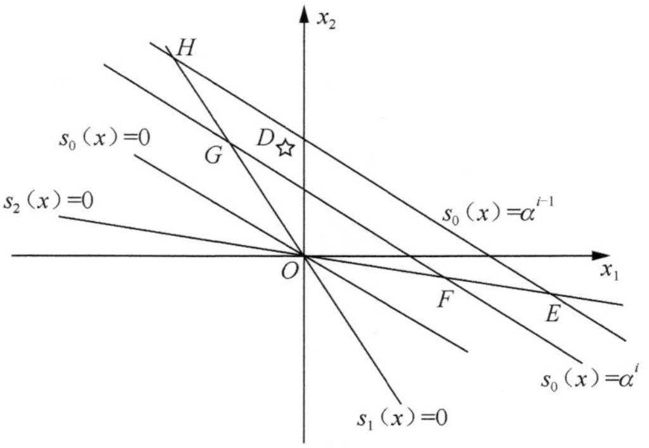

图 5.5　量化参数 μ 的调节说明

由条件 $\dfrac{|x|}{M} \leqslant \mu \leqslant \dfrac{|C_0 x|}{(\beta+1)|C_0|\varDelta}$ 可知，要求满足不等式

$$\frac{|x|}{M} \leqslant \frac{\alpha^i}{(\beta+1)|C_0|\varDelta} \tag{5.9}$$

接下来说明当饱和参数 M 充分大（仍然有界）时，式（5.8）成立。考虑两条平行线 $s_0(x)=\alpha^i$ 与 $s_0(x)=\alpha^{i-1}$，假设这两条线与直线 $s_1(x)=0$ 分别相交于点 G 与点 H，与直线 $s_2(x)=0$ 相交于点 F 与点 E。根据式（5.8）及变量 σ 的切换逻辑可知，参数 μ 在区域 $EFGH$ 保持不变。为了满足条件 $\dfrac{|x|}{M} \leqslant \dfrac{\alpha^i}{(\beta+1)|C_0|\varDelta}$，仅需保证条件在点 E 或点 H 处成立即可，因为点 E 或点 H 是区域 $EFGH$ 上所有点中到原点距离最长的。经过运算可得条件

$$M \geqslant \frac{|C_0||C_2|\varDelta(\beta+1)}{|T_{02}|\alpha} \tag{5.10}$$

与

$$M \geqslant \frac{|C_0||C_2|\varDelta(\beta+1)}{|T_{01}|\alpha} \tag{5.11}$$

在整个状态空间 R^2 上的所有区域重复上述过程可以证明最小的饱和参数 M 应该满足

$$M \geqslant \max\{M_{01}, M_{02}, M_{12}\}$$

结合不等式 $M \geqslant M_0$，则有

$$M \geqslant \max\{M_0, M_{01}, M_{02}, M_{12}\}$$

证毕。

对于固定的参数 α $(0<\alpha<1)$，给出下列量化参数的调节策略：

（1）根据状态信号的位置确定逻辑变量 σ 的值；

（2）如果 $|C_\sigma x| \geqslant 1$，则存在非负整数 i 满足 $\alpha^i \leqslant |C_\sigma x| < \alpha^{i-1}$；

（3）如果 $0<|C_\sigma x|<1$，则存在正整数 i 满足 $\alpha^i \leqslant |C_\sigma x| < \alpha^{i-1}$；

（4）令 $\mu = \dfrac{\alpha^i}{(\beta+1)|C_\sigma|\varDelta}$。

5.3.3 控制器设计

本节提出一种基于切换方法的量化反馈变结构控制方案来保证闭环系统的状态轨迹能够到达期望的切换线 $s_0(x)=0$。

定理 5.2：对于线性系统式（5.1），假设 M 满足 $M \geqslant \max\{M_0, M_{01}, M_{02}, M_{12}\}$，则结合量化参数的调节及控制法则式（5.12）～式（5.14），系统的状态轨迹能够到达期望的切换线 $s_0(x)=C_0x=0$。

$$u_\sigma^1 = -(C_0B)^{-1}\Big\{C_0\boldsymbol{A}q_{\mu_\sigma}(x) + |C_0\boldsymbol{A}|\varDelta\mu_\sigma \operatorname{sgn}\big[C_\sigma q_{\mu_\sigma}(x)\big] + |C_0B|\bar{d}\operatorname{sgn}\big[C_\sigma q_{\mu_\sigma}(x)\big]\Big\} \tag{5.12}$$

$$u_\sigma^2 = -\varepsilon(C_0B)^{-1}\operatorname{sgn}\big[C_\sigma q_{\mu_\sigma}(x)\big] \tag{5.13}$$

$$u = u_\sigma = u_\sigma^1 + u_\sigma^2 \tag{5.14}$$

式中，$\varepsilon>0$，为任意给定的常数。M_0、M_{01}、M_{02} 与 M_{12} 如命题 5.1 所示。

证明：因为 $|C_\sigma e_{\mu_\sigma}| \leqslant \dfrac{1}{\beta}|C_\sigma q_{\mu_\sigma}(x)|$，$q_{\mu_\sigma}(x)-x=e_{\mu_\sigma}$，可知

$$C_\sigma x = C_\sigma q_{\mu_\sigma}(x) - C_\sigma e_{\mu_\sigma} \leqslant C_\sigma q_{\mu_\sigma}(x) + \frac{1}{\beta}|C_\sigma q_{\mu_\sigma}(x)|$$

与

$$C_\sigma x = C_\sigma q_{\mu_\sigma}(x) - C_\sigma e_{\mu_\sigma} \geqslant C_\sigma q_{\mu_\sigma}(x) - \frac{1}{\beta}|C_\sigma q_{\mu_\sigma}(x)|$$

当 $C_\sigma q_{\mu_\sigma}(x)>0$ 时，可得

$$\frac{\beta-1}{\beta}C_\sigma q_{\mu_\sigma}(x) \leqslant C_\sigma x \leqslant \frac{\beta+1}{\beta}C_\sigma q_{\mu_\sigma}(x) \tag{5.15}$$

当 $C_\sigma q_{\mu_\sigma}(x)<0$ 时，可得

$$\frac{\beta+1}{\beta}C_\sigma q_{\mu_\sigma}(x) \leqslant C_\sigma x \leqslant \frac{\beta-1}{\beta}C_\sigma q_{\mu_\sigma}(x) \tag{5.16}$$

结合式（5.15）与式（5.16）得

$$\operatorname{sgn}\left[C_\sigma q_{\mu_\sigma}(x)\right]=\operatorname{sgn}(C_\sigma x) \tag{5.17}$$

由于 $q_{\mu_\sigma}(x)-x=e_{\mu_\sigma}$，则 $s_0(x)$ 沿着系统式（5.1）的时间导数为

$$\begin{aligned}s_0(x)\dot{s}_0(x)&=(C_0x)\left[C_0\boldsymbol{A}x+C_0B(u+d)\right]\\&=(C_0x)\left[C_0\boldsymbol{A}q_{\mu_\sigma}(x)-C_0\boldsymbol{A}e_{\mu_\sigma}+C_0B(u+d)\right]\end{aligned}$$

从式（5.12）～式（5.14）可得

$$\begin{aligned}s_0(x)\dot{s}_0(x)&=(C_0x)\Big\{-C_0\boldsymbol{A}e_{\mu_\sigma}+C_0Bd-|C_0\boldsymbol{A}|\Delta\mu_\sigma\operatorname{sgn}\left[C_\sigma q_{\mu_\sigma}(x)\right]\\&\quad-|C_0B|\bar{d}\operatorname{sgn}\left[C_\sigma q_{\mu_\sigma}(x)\right]\Big\}-(C_0x)\varepsilon\operatorname{sgn}\left[C_\sigma q_{\mu_\sigma}(x)\right]\\&\leqslant|C_0x||C_0\boldsymbol{A}|\Delta\mu_\sigma+|C_0x||C_0B|\bar{d}-(C_0x)|C_0\boldsymbol{A}|\Delta\mu_\sigma\operatorname{sgn}\left[C_\sigma q_{\mu_\sigma}(x)\right]\\&\quad-(C_0x)|C_0B|\bar{d}\operatorname{sgn}\left[C_\sigma q_{\mu_\sigma}(x)\right]-(C_0x)\varepsilon\operatorname{sgn}\left[C_\sigma q_{\mu_\sigma}(x)\right]\end{aligned} \tag{5.18}$$

当 $\sigma=0$ 时，结合式（5.17）与式（5.18）整理得

$$\begin{aligned}s_0(x)\dot{s}_0(x)&\leqslant|C_0x||C_0\boldsymbol{A}|\Delta\mu_0+|C_0x||C_0B|\bar{d}-(C_0x)|C_0\boldsymbol{A}|\Delta\mu_0\operatorname{sgn}(C_0x)\\&\quad-(C_0x)|C_0B|\bar{d}\operatorname{sgn}(C_0x)-(C_0x)\varepsilon\operatorname{sgn}(C_0x)\\&=-\varepsilon|C_0x|\\&=-\varepsilon|s_0(x)|\end{aligned}$$

当 $\sigma=1$ 时，从式（5.18）中可以看出

$$\begin{aligned}s_0(x)\dot{s}_0(x)&\leqslant|C_0x||C_0\boldsymbol{A}|\Delta\mu_1+|C_0x||C_0B|\bar{d}-(C_0x)|C_0\boldsymbol{A}|\Delta\mu_1\operatorname{sgn}\left[C_1q_{\mu_1}(x)\right]\\&\quad-(C_0x)|C_0B|\bar{d}\operatorname{sgn}\left[C_1q_{\mu_1}(x)\right]-(C_0x)\varepsilon\operatorname{sgn}\left[C_1q_{\mu_1}(x)\right]\end{aligned}$$

根据式（5.17），不难看出

$$\begin{aligned}s_0(x)\dot{s}_0(x)&\leqslant|C_0x||C_0\boldsymbol{A}|\Delta\mu_1+|C_0x||C_0B|\bar{d}-(C_0x)|C_0\boldsymbol{A}|\Delta\mu_1\operatorname{sgn}(C_1x)\\&\quad-(C_0x)|C_0B|\bar{d}\operatorname{sgn}(C_1x)-(C_0x)\varepsilon\operatorname{sgn}(C_1x)\end{aligned}$$

根据 σ 的切换逻辑及 5.3.1 节中切换线的表示方式可知，当 $\sigma=1$ 时有 $\operatorname{sgn}(C_1x)=\operatorname{sgn}(C_0x)$。从而可知

$$\begin{aligned}s_0(x)\dot{s}_0(x)&\leqslant|C_0x||C_0\boldsymbol{A}|\Delta\mu_1+|C_0x||C_0B|\bar{d}-(C_0x)|C_0\boldsymbol{A}|\Delta\mu_1\operatorname{sgn}(C_0x)\\&\quad-(C_0x)|C_0B|\bar{d}\operatorname{sgn}(C_0x)-(C_0x)\varepsilon\operatorname{sgn}(C_0x)\\&\leqslant-\varepsilon|C_0x|\\&=-\varepsilon|s_0(x)|\end{aligned}$$

$\sigma=2$ 时的证明过程类似于 $\sigma=1$ 时，不再赘述。

综上可知，在整个状态空间 R^2 上有 $s_0(x)\dot{s}_0(x)\leqslant-\varepsilon|s_0(x)|$。即设计的控制策略能够保证状态轨迹到达期望的切换线 $s_0(x)=0$ 上。

证毕。

理论上，变量σ至多需要切换两次。由于抖振现象的存在，切换可能在期望的切换线$s_0(x)=0$附近多次发生。由于在滑模面的两侧σ的模态是不同的，从而σ可能不会终止在$\sigma=0$上。消除或减少抖振现象的方法可以参阅文献[87]、文献[193]等。

5.4 仿真算例

为进一步说明本章所提方法有效性，本节给出一个数值例子进行验证。

考虑如下的二阶系统：

$$\begin{cases}\dot{x}_1 = x_1 + x_2 \\ \dot{x}_2 = x_1 + 2x_2 + u + d(t,x)\end{cases}$$

设计切换线$s_0(x)=C_0x=0$，其中，$C_0=\begin{bmatrix}2 & 1\end{bmatrix}$保证降阶系统有稳定的特征值。

设计切换线$s_1(x)=C_1x=0$，$s_2(x)=C_2x=0$，其中$C_1=\begin{bmatrix}10 & -1\end{bmatrix}$，$C_2=\begin{bmatrix}0.5 & 1\end{bmatrix}$。假设不确定性$d(t,x)=0.2\sin(t)$，显然$|d|\leqslant 0.2=\bar{d}$。在系统仿真中，选取参数$\varepsilon=0.005$，$\beta=5.5$，并设系统初始条件为$x_0^{\mathrm{T}}=\begin{bmatrix}-3 & -4\end{bmatrix}$。此外，根据5.3节的设计过程，选取$\alpha=0.5$，可得量化参数的一个调节法则。经过计算得参数$M\geqslant\dfrac{5\sqrt{1010}}{12}\approx 14$。利用Matlab进行仿真，仿真曲线如图5.6～图5.11所示。

从图5.6中可以看出，系统的状态轨迹能够渐近收敛到原点。图5.7给出的是系统控制输入的响应曲线。图5.8描述的是调节参数随时间变化的情况。由图5.8中可以看出参数的调节为离散在线方式，即静态调节。图5.9描述了状态变量的相位特征，从图5.9中可以看出系统状态能够到达并保持在期望的切换线

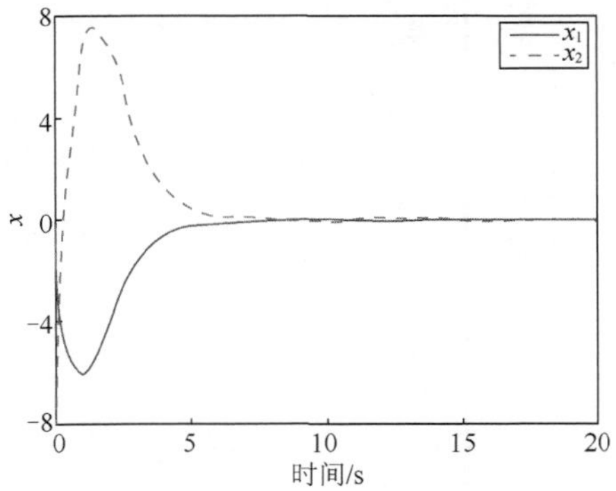

图5.6　系统的状态响应

$s_0(x)=0$ 上。图 5.10 中给出了切换信号的响应曲线。如 5.3.3 小节中所言，切换信号不能终止在 $\sigma=0$ 上是由抖振现象造成的。图 5.11 给出的是 $|x|$ 与 $\pm M\mu$ 随时间变化的响应情况，可以看出量化状态的饱和要求 $|x|\leqslant M\mu$ 得到保证。

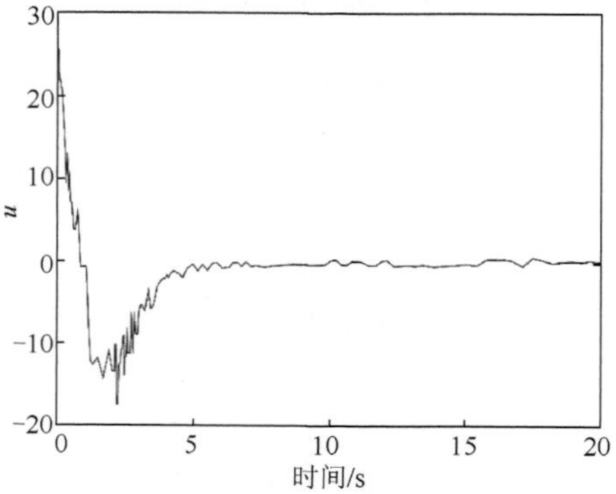

图 5.7　系统的控制输入响应

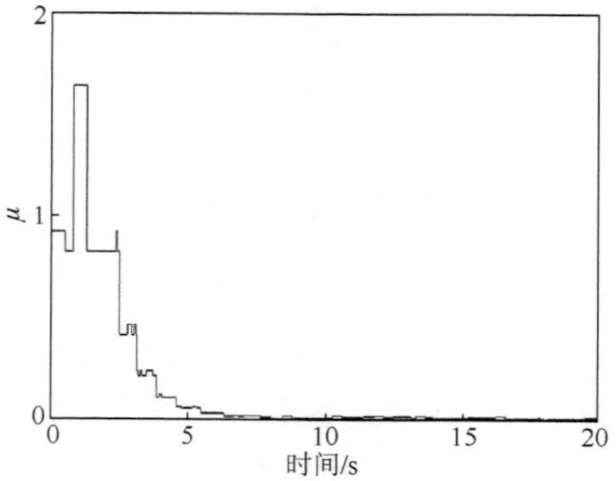

图 5.8　量化参数 μ 的响应

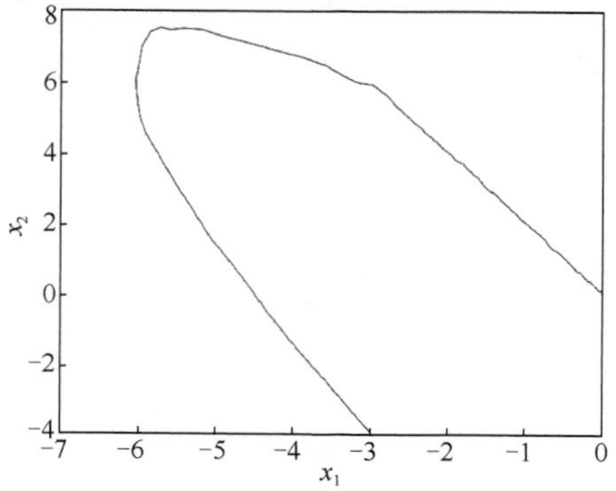

图 5.9　系统的轨迹相位特征

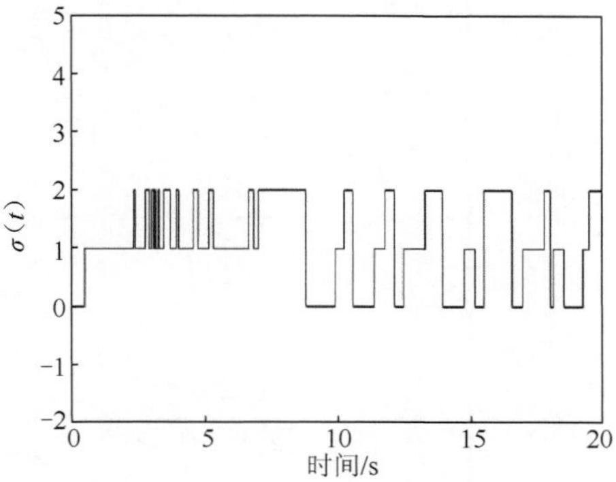

图 5.10　切换信号 $\sigma(t)$ 的响应

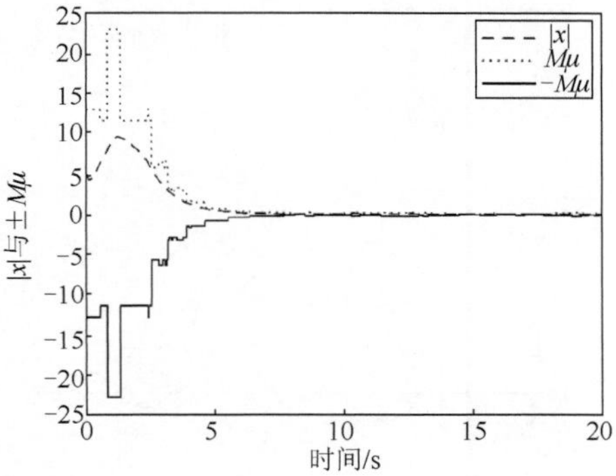

图 5.11　x 与 $\pm M\mu$ 的关系

为比较方法的优越性，本节给出文献[5]中方法的仿真结果。仿真参数如下：$\boldsymbol{Q}=\begin{bmatrix}10.5 & 3.67\\ 3.67 & 1.67\end{bmatrix}$，$\boldsymbol{D}=\begin{bmatrix}1 & 0\\ 0 & 1\end{bmatrix}$，$K=\begin{bmatrix}4 & 4.5\end{bmatrix}$，$\tau=1.144$，$\theta=24.28$，$M=208$，$\Omega=0.9986$。

系统状态响应与控制输入响应曲线如图 5.12 和图 5.13 所示。由图 5.12 可以看出，在存在外部扰动的情况下，文献[5]提出的方法不能保证渐近稳定的收敛效果，本章给出的仿真算例仅能保证实际稳定。通过比较可以看出，本章提出的控制器设计方法能够获得更好的收敛效果。

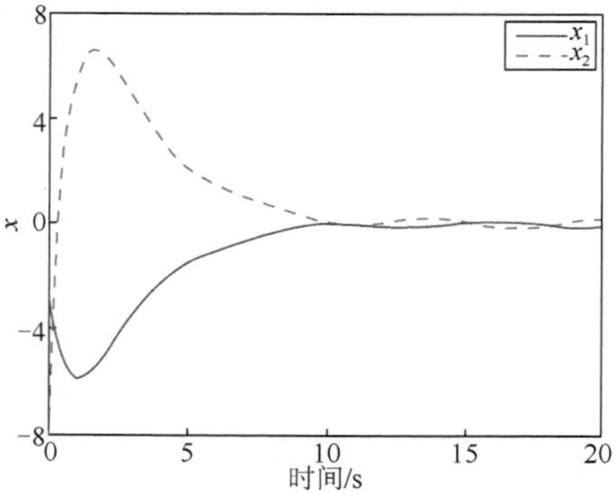

图 5.12 系统的状态响应

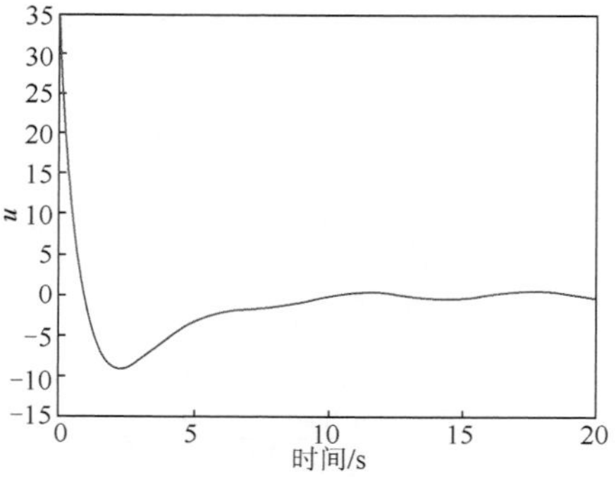

图 5.13 系统的控制输入响应

5.5 本章小结

针对一类带有匹配不确定性的平面系统，本章研究了采用带有量化饱和限制的量化器的量化反馈镇定问题。首先给出量化参数的调节需要满足的条件，然后根据条件构造切换线将整个状态空间按扇形区域进行划分，并在每个扇形区域上给出量化参数的调节策略。通过结合量化参数的调节方案，设计的滑模变结构控制策略能够保证状态轨迹到达期望的切换线，从而实现鲁棒镇定。最后通过一个仿真算例进一步说明本章所提方法的有效性。

6 一类多输入线性系统量化反馈变结构控制设计

6.1 引言

本章考虑线性多输入系统的基于变结构控制技术的量化反馈鲁棒镇定问题，是前面研究问题的进一步推广。与第 3 章、第 4 章的研究主要有如下几点不同：第一，本章所考虑的系统为多输入线性不确定系统，不确定性不仅包括匹配不确定性，还包括非匹配不确定性；第二，本章采用考虑量化饱和问题的动态量化器并给出量化参数的静态调节方式，包括“zoom-out”与“zoom-in”两种过程，而不再仅包含“zoom-in”过程。其中，“zoom-out”用于捕捉系统状态的过程中，而“zoom-in”则用于系统状态收敛的过程中。通过结合设计的参数调节法则，本章提出的量化反馈变结构控制器能够克服多输入系统中模型不确定性与外部扰动的影响，实现闭环系统状态轨迹渐近收敛。最后通过仿真算例进一步验证所提方法的有效性。

6.2 问题描述

考虑如下的一类线性不确定系统：

$$\dot{x}=\left[\boldsymbol{A}+\boldsymbol{G}(t)\right]x+\boldsymbol{B}\left[u+\xi(t,x)\right] \tag{6.1}$$

式中，$x \in R^n$ 是系统状态向量；$u \in R^m$ 为系统的控制输入。$\boldsymbol{A}$、$\boldsymbol{B}$ 为适当维数的矩阵且矩阵 $\boldsymbol{B}$ 列满秩；$\boldsymbol{G}(t)$ 表示系统特征矩阵不确定性；$\xi(t,x)$ 描述的是系统中匹配不确定性与外部扰动。本章用到下述几条假设。

假设 6.1：$(\boldsymbol{A},\boldsymbol{B})$ 是能控矩阵对。

假设 6.2：不确定项 $\boldsymbol{G}(t)=\boldsymbol{D}\boldsymbol{E}(t)\boldsymbol{F}$。式中，$\boldsymbol{D}$ 与 $\boldsymbol{F}$ 为适当维数的已知矩阵；$\boldsymbol{E}(t)$ 为时变不确定矩阵，满足 $\boldsymbol{E}(t)\boldsymbol{E}^{\mathrm{T}}(t) \leqslant \boldsymbol{I}$。

假设 6.3：匹配不确定项 $\xi(t,x)$ 满足 $|\xi(t,x)|_2 \leqslant d_1 + d_2|x|_2$，式中，参数 d_1 和 d_2 为已知常数。

本章考虑系统状态信号的量化，采用与第 5 章相同的量化器。系统结构如图 6.1 所示。从图 6.1 中可以看出，系统状态信号 x 被量化并通过编码器 E 进行编码，信号 $q\left(\dfrac{x}{\mu}\right)$ 通过通信通道传输到解码器端，经过解码器 D 解码后得到量化信号 $q_\mu(x)$ 用于控制器设计。

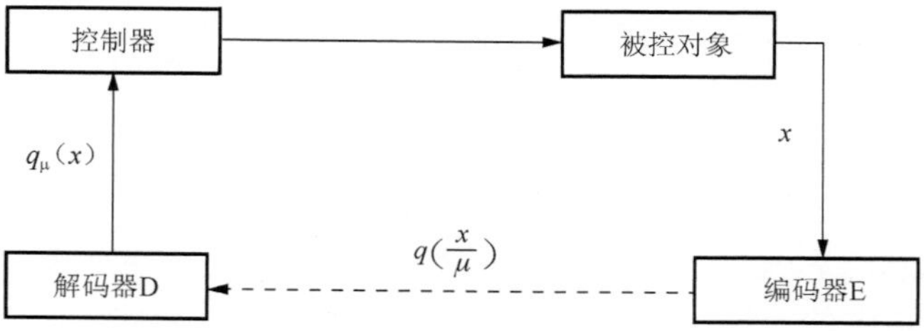

图 6.1　控制系统结构图

本章设计如下的量化参数 μ 调节策略。

（1）初始化：任意选择一个正常数作为 $\mu(t)$ 的初始值 $\mu(t_0)$。

（2）调节机制：

① “zoom-out”，在这个过程中，$\mu(t_{j+1})=\Lambda\mu(t_j), t_{j+1}-t_j>\iota$。式中，$\iota$ 为正常数，$\Lambda>\exp(a_2\iota)$（a_2 将在定理 6.2 证明中给出），则必存在某个时刻 t_i 使得“zoom-in”发生。

② “zoom-in”，在该过程中，如果 $\left|q\left(\dfrac{x(t)}{\mu(t_i)}\right)\right|_2 \leqslant (M_1-1)\Delta$，$t>t_i$，则令 $\mu(t_{j+1})=\Lambda\mu(t_j)$，其中，$t_{j+1}-t_j>0$，参数 Ω 满足 $\dfrac{M_1}{M} \leqslant \Omega < 1$（正数 M 与 M_1 的值将在定理 6.2 中给出）。

6.3 主要结果

6.3.1 滑模面设计

考虑如下的线性滑模面：

$$s(x) = \boldsymbol{C}x = 0 \tag{6.2}$$

式中，矩阵 $\boldsymbol{C} \in R^{m\times n}$。不失一般性，假设系统式（6.1）有如下的结构：

$$\dot{x}_1 = (\boldsymbol{A}_{11} + \boldsymbol{G}_{11})x_1 + (\boldsymbol{A}_{12} + \boldsymbol{G}_{12})x_2 \tag{6.3a}$$

$$\dot{x}_2 = (\boldsymbol{A}_{21} + \boldsymbol{G}_{21})x_1 + (\boldsymbol{A}_{22} + \boldsymbol{G}_{22})x_2 + \boldsymbol{B}_2(u + \xi) \tag{6.3b}$$

式中，$\boldsymbol{G}_{11} = \boldsymbol{D}_1\boldsymbol{E}(t)\boldsymbol{F}_1$；$\boldsymbol{G}_{12} = \boldsymbol{D}_1\boldsymbol{E}(t)\boldsymbol{F}_2$；$\boldsymbol{D} = [\boldsymbol{D}_1^{\mathrm{T}} \quad \boldsymbol{D}_2^{\mathrm{T}}]^{\mathrm{T}}$；$\boldsymbol{F} = \begin{bmatrix}\boldsymbol{F}_1 & \boldsymbol{F}_2\end{bmatrix}$。滑模函数可以重新表达为

$$s(x) = \boldsymbol{C}x = \boldsymbol{C}_1x_1 + \boldsymbol{C}_2x_2$$

式中，$\boldsymbol{C}_2$ 为非奇异的矩阵。将 $x_2 = -\boldsymbol{C}_2^{-1}\boldsymbol{C}_1x_1$ 代入式（6.3a），可得降阶系统

$$\begin{aligned}\dot{x}_1 &= (\boldsymbol{A}_{11} + \boldsymbol{G}_{11})x_1 + (\boldsymbol{A}_{12} + \boldsymbol{G}_{12})(-\boldsymbol{C}_2^{-1}\boldsymbol{C}_1x_1) \\ &= \left\{\boldsymbol{A}_{11} + \boldsymbol{D}_1\boldsymbol{E}(t)\boldsymbol{F}_1 - \left[\boldsymbol{A}_{12} + \boldsymbol{D}_1\boldsymbol{E}(t)\boldsymbol{F}_2\right]\boldsymbol{C}_2^{-1}\boldsymbol{C}_1\right\}x_1\end{aligned} \tag{6.4}$$

为了方便叙述主要结论定理 6.2，下面给出降阶系统式（6.4）的稳定性条件。类似的稳定性条件在文献中已得到了很好的研究[96, 101]。

定理 6.1：如果存在正定矩阵 $\boldsymbol{X} \in R^{(n-m)\times(n-m)}$ 和 $\boldsymbol{Z} \in R^{(n-m)\times(n-m)}$、一般矩阵 $\boldsymbol{Y} \in R^{(n-m)\times m}$，以及正数 η 满足下面的线性矩阵不等式

$$\begin{bmatrix}\mathrm{He}(\boldsymbol{A}_{11}\boldsymbol{X} - \boldsymbol{A}_{12}\boldsymbol{Y}) + \eta\boldsymbol{D}_1\boldsymbol{D}_1^{\mathrm{T}} & \boldsymbol{F}_1\boldsymbol{X} - \boldsymbol{F}_2\boldsymbol{Y} & \boldsymbol{X} \\ * & -\eta\boldsymbol{I} & 0 \\ * & * & -\boldsymbol{Z}\end{bmatrix} < 0 \tag{6.5}$$

则降阶系统式(6.4)是稳定的。进一步，系统式(6.1)的滑模函数为 $s(x) = \boldsymbol{C}_1x_1 + \boldsymbol{C}_2x_2$，其中，$\boldsymbol{C}_1$、$\boldsymbol{C}_2$ 可由 $\boldsymbol{Y}\boldsymbol{X}^{-1}$ 进行适当分解获得。

证明：取李雅普诺夫函数 $V = x_1^{\mathrm{T}}\boldsymbol{P}x_1$，则沿着系统式（6.4）的轨迹对 V 关于时间 t 求导得

$$\begin{aligned}\dot{V} &= \dot{x}_1^{\mathrm{T}}\boldsymbol{P}x_1 + x_1^{\mathrm{T}}\boldsymbol{P}\dot{x}_1 \\ &= x_1^{\mathrm{T}}\Big\{\left\{\boldsymbol{A}_{11} + \boldsymbol{D}_1\boldsymbol{E}(t)\boldsymbol{F}_1 - \left[\boldsymbol{A}_{12} + \boldsymbol{D}_1\boldsymbol{E}(t)\boldsymbol{F}_2\right]\boldsymbol{C}_2^{-1}\boldsymbol{C}_1\right\}^{\mathrm{T}}\boldsymbol{P} \\ &\quad + \boldsymbol{P}\left\{\boldsymbol{A}_{11} + \boldsymbol{D}_1\boldsymbol{E}(t)\boldsymbol{F}_1 - \left[\boldsymbol{A}_{12} + \boldsymbol{D}_1\boldsymbol{E}(t)\boldsymbol{F}_2\right]\boldsymbol{C}_2^{-1}\boldsymbol{C}_1\right\}\Big\}x_1\end{aligned}$$

记 $\bar{\boldsymbol{C}} = \boldsymbol{C}_2^{-1}\boldsymbol{C}_1$，可得

$$\dot{V} = x_1^{\mathrm{T}} \Big[(\boldsymbol{A}_{11} - \boldsymbol{A}_{12}\bar{\boldsymbol{C}})^{\mathrm{T}} \boldsymbol{P} + \boldsymbol{P}(\boldsymbol{A}_{11} - \boldsymbol{A}_{12}\bar{\boldsymbol{C}}) + \boldsymbol{P}\boldsymbol{D}_1 \boldsymbol{E}(\boldsymbol{F}_1 - \boldsymbol{F}_2\bar{\boldsymbol{C}}) + (\boldsymbol{F}_1 - \boldsymbol{F}_2\bar{\boldsymbol{C}})^{\mathrm{T}} \boldsymbol{E}^{\mathrm{T}} \boldsymbol{D}_1^{\mathrm{T}} \boldsymbol{P} \Big] x_1$$

对于任意的正定矩阵$\boldsymbol{Q} > 0$，如果不等式

$$\mathrm{He}\Big[(\boldsymbol{A}_{11} - \boldsymbol{A}_{12}\bar{\boldsymbol{C}})^{\mathrm{T}} \boldsymbol{P} + \boldsymbol{P}\boldsymbol{D}_1 \boldsymbol{E}(\boldsymbol{F}_1 - \boldsymbol{F}_2\bar{\boldsymbol{C}}) \Big] + \boldsymbol{Q} < 0 \tag{6.6}$$

成立，则降阶系统式（6.4）是稳定的。根据引理 2.3，对于$\forall \eta > 0$，式（6.6）等价于

$$\mathrm{He}\Big[(\boldsymbol{A}_{11} - \boldsymbol{A}_{12}\bar{\boldsymbol{C}})^{\mathrm{T}} \boldsymbol{P} \Big] + \eta \boldsymbol{P}\boldsymbol{D}_1 \boldsymbol{D}_1^{\mathrm{T}} \boldsymbol{P} + \frac{1}{\eta} (\boldsymbol{F}_1 - \boldsymbol{F}_2\bar{\boldsymbol{C}})^{\mathrm{T}} (\boldsymbol{F}_1 - \boldsymbol{F}_2\bar{\boldsymbol{C}}) + \boldsymbol{Q} < 0 \tag{6.7}$$

在式（6.7）的两边同时乘以$\boldsymbol{P}^{-1}$，并令$\boldsymbol{X} = \boldsymbol{P}^{-1}$，$\boldsymbol{Z} = \boldsymbol{Q}^{-1}$及$\boldsymbol{Y} = \bar{\boldsymbol{C}}\boldsymbol{X}$，得

$$\mathrm{He}(\boldsymbol{A}_{11}\boldsymbol{X} - \boldsymbol{A}_{12}\boldsymbol{Y}) + \eta \boldsymbol{D}_1 \boldsymbol{D}_1^{\mathrm{T}} + \frac{1}{\eta} (\boldsymbol{F}_1\boldsymbol{X} - \boldsymbol{F}_2\boldsymbol{Y})^{\mathrm{T}} (\boldsymbol{F}_1\boldsymbol{X} - \boldsymbol{F}_2\boldsymbol{Y}) + \boldsymbol{X}\boldsymbol{Z}^{-1}\boldsymbol{X} < 0 \tag{6.8}$$

应用引理 2.4 可知，式（6.8）可转化为线性矩阵不等式条件式（6.5）。

如果系统模型不符合式（6.3a）和式（6.3b）的结构，则可采用非奇异坐标变换使得变换后的系统结构符合式（6.3a）和式（6.3b），具体方法可参考文献[96]、[101]、[193]等。

本章的主要目标是针对一类带有匹配/不匹配不确定性的线性多输入系统，给出一个滑模变结构量化状态反馈控制设计方法，使得系统的状态轨迹能够到达期望的滑模面。

引理 6.1：固定一个任意常数$\beta > 1$，假设参数$\mu > 0$满足

$$\mu < \frac{|\boldsymbol{C}x|_1}{(\beta + 1)|\boldsymbol{C}|_1 \Delta} \tag{6.9}$$

则不等式

$$|\boldsymbol{C}e_{\mu}|_1 \leqslant |\boldsymbol{C}|_1 \Delta\mu < \frac{1}{\beta} |\boldsymbol{C}q_{\mu}(x)|_1 \tag{6.10}$$

成立。

证明：证明过程同引理 3.1，不再赘述。

6.3.2 控制器设计

下面给出变结构控制到达控制律的设计。

定理 6.2：如果线性不确定系统式（6.1）满足假设 6.1～假设 6.3 且量化饱和参数足够大（有限）时，构造控制输入为式（6.11）～式（6.13），则结合量化参数μ的调节法则，系统轨迹将渐近收敛到期望的滑模面

$$u = \begin{cases} 0, & \text{如果为“zoom-out”过程} \\ u_1 + u_2, & \text{如果为“zoom-in”过程} \end{cases} \tag{6.11}$$

$$u_1 = -(\boldsymbol{CB})^{-1}\boldsymbol{CA}q_{\mu}(x) \tag{6.12}$$

$$u_2 = -(\boldsymbol{CB})^{-1}\operatorname{sgn}\left[\boldsymbol{C}q_{\mu}(x)\right]\left\{\frac{\beta+1}{\beta-1}\rho\left[\mu,q_{\mu}(x)\right]+\frac{\beta\varepsilon}{\beta-1}\right\} \tag{6.13}$$

式中， $\rho(\mu,q_{\mu}(x)) \geqslant |\boldsymbol{CA}|_{\infty}\Delta\mu + |\boldsymbol{C}|_{\infty}|\boldsymbol{G}(t)|_{\infty}[|q_{\mu}(x)|_{\infty}+\Delta\mu] + |\boldsymbol{CB}|_{\infty}d^*$， $d^* = d_1 + d_2\left[|q_{\mu}(x)|_{\infty}+\Delta\mu\right]$； 参数 $\beta>1$， $\varepsilon>0$ 为给定的常数。

证明：首先考虑“zoom-out”过程。在这个过程中，控制输入 $u=0$。此时系统式（6.1）为

$$\dot{x}(t) = \left[\boldsymbol{A}+\boldsymbol{G}(t)\right]x(t)+\boldsymbol{B}\xi\left[t,x(t)\right] \tag{6.14}$$

在式（6.14）两端从 0 到 $t>0$ 积分得

$$x(t)-x(0) = \int_0^t\left[\boldsymbol{A}+\boldsymbol{G}(s)\right]x(s)\,\mathrm{d}s + \int_0^t\boldsymbol{B}\xi\left[s,x(s)\right]\mathrm{d}s$$

根据引理 2.2 及基本不等式 $|a+b|_2 \leqslant |a|_2+|b|_2, \forall a\in R^n, b\in R^n$，并结合假设 6.2 与假设 6.3 进行整理，得

$$\begin{aligned}
|x(t)|_2 &\leqslant |x(0)|_2 + \int_0^t|\boldsymbol{A}+\boldsymbol{G}(s)|_2|x(s)|_2\,\mathrm{d}s + \int_0^t|\boldsymbol{B}|_2|\xi\left[s,x(s)\right]|_2\,\mathrm{d}s \\
&\leqslant |x(0)|_2 + \int_0^t|\boldsymbol{A}+\boldsymbol{G}(s)|_2|x(s)|_2\,\mathrm{d}s + \int_0^t|\boldsymbol{B}|_2\left[d_1+d_2|x(s)|_2\right]\mathrm{d}s \\
&\leqslant |x(0)|_2 + |\boldsymbol{B}|_2 d_1 t + \int_0^t\left(|\boldsymbol{A}|_2+|\boldsymbol{D}|_2|\boldsymbol{F}|_2+|\boldsymbol{B}|_2 d_2\right)|x(s)|_2\,\mathrm{d}s
\end{aligned}$$

记 $\lambda(t) = |\boldsymbol{B}|_2 d_1 t + |x(0)|_2$ 和 $\gamma(t) = \left(|\boldsymbol{A}|_2+|\boldsymbol{D}|_2|\boldsymbol{F}|_2+|\boldsymbol{B}|_2 d_2\right)|x(s)|_2$，由引理 2.5 得

$$\begin{aligned}
|x(t)|_2 &\leqslant \lambda(t) + \int_0^t\lambda(s)\gamma(s)\exp\left[\int_s^t\gamma(\tau)\,\mathrm{d}\tau\right]\mathrm{d}s \\
&= \lambda(t) + \int_0^t\lambda(s)\left(|\boldsymbol{A}|_2+|\boldsymbol{D}|_2|\boldsymbol{F}|_2+|\boldsymbol{B}|_2 d_2\right) \\
&\quad\times\exp\left[\int_s^t\left(|\boldsymbol{A}|_2+|\boldsymbol{D}|_2|\boldsymbol{F}|_2+|\boldsymbol{B}|_2 d_2\right)\mathrm{d}\tau\right]\mathrm{d}s
\end{aligned}$$

关于变量 τ 积分得

$$\begin{aligned}
|x(t)|_2 &\leqslant \lambda(t) + \int_0^t\lambda(s)\left(|\boldsymbol{A}|_2+|\boldsymbol{D}|_2|\boldsymbol{F}|_2+|\boldsymbol{B}|_2 d_2\right) \\
&\quad\times\exp\left[(|\boldsymbol{A}|_2+|\boldsymbol{D}|_2|\boldsymbol{F}|_2+|\boldsymbol{B}|_2 d_2)(t-s)\right]\mathrm{d}s \\
&= \lambda(t) + \exp\left[(|\boldsymbol{A}|_2+|\boldsymbol{D}|_2|\boldsymbol{F}|_2+|\boldsymbol{B}|_2 d_2)t\right] \\
&\quad\times\int_0^t\lambda(s)\left[|\boldsymbol{A}|_2+|\boldsymbol{D}|_2|\boldsymbol{F}|_2+|\boldsymbol{B}|_2 d_2\right]\exp\left[-(|\boldsymbol{A}|_2\right. \\
&\quad\left.+|\boldsymbol{D}|_2|\boldsymbol{F}|_2+|\boldsymbol{B}|_2 d_2)s\right]\mathrm{d}s \\
&= \lambda(t) - \exp\left[(|\boldsymbol{A}|_2+|\boldsymbol{D}|_2|\boldsymbol{F}|_2+|\boldsymbol{B}|_2 d_2)t\right] \\
&\quad\times\left\{\int_0^t\lambda(s)\mathrm{d}\exp\left[-(|\boldsymbol{A}|_2+|\boldsymbol{D}|_2|\boldsymbol{F}|_2+|\boldsymbol{B}|_2 d_2)s\right]\right\}
\end{aligned}$$

应用分部积分公式并整理，得

$$
\begin{aligned}
|x(t)|_2 \leqslant & \lambda(t) - \exp\left[(|\boldsymbol{A}|_2 + |\boldsymbol{D}|_2 |\boldsymbol{F}|_2 + |\boldsymbol{B}|_2 d_2)t\right] \\
& \times \left\{\lambda(s)\exp\left[-(|\boldsymbol{A}|_2 + |\boldsymbol{D}|_2 |\boldsymbol{F}|_2 + |\boldsymbol{B}|_2 d_2)s\right]\Big|_0^t \right. \\
& \left. - \int_0^t \exp\left[-(|\boldsymbol{A}|_2 + |\boldsymbol{D}|_2 |\boldsymbol{F}|_2 + |\boldsymbol{B}|_2 d_2)s\right] \mathrm{d}\lambda(s) \right\} \\
= & \lambda(0)\exp\left[(|\boldsymbol{A}|_2 + |\boldsymbol{D}|_2 |\boldsymbol{F}|_2 + |\boldsymbol{B}|_2 d_2)t\right] \\
& + \exp\left[(|\boldsymbol{A}|_2 + |\boldsymbol{D}|_2 |\boldsymbol{F}|_2 + |\boldsymbol{B}|_2 d_2)t\right] \\
& \times \int_0^t \exp\left[-(|\boldsymbol{A}|_2 + |\boldsymbol{D}|_2 |\boldsymbol{F}|_2 + |\boldsymbol{B}|_2 d_2)s\right] \mathrm{d}\lambda(s)
\end{aligned}
$$

由于 $\lambda(s) = |x(0)|_2 + |\boldsymbol{B}|_2 d_1 s$，可知

$$
\begin{aligned}
|x|_2 \leqslant & \lambda(0)\exp\left[(|\boldsymbol{A}|_2 + |\boldsymbol{D}|_2 |\boldsymbol{F}|_2 + |\boldsymbol{B}|_2 d_2)t\right] \\
& + \frac{|\boldsymbol{B}|_2 d_1 [(|\boldsymbol{A}|_2 + |\boldsymbol{D}|_2 |\boldsymbol{F}|_2 + |\boldsymbol{B}|_2 d_2)t]}{|\boldsymbol{A}|_2 + |\boldsymbol{D}|_2 |\boldsymbol{F}|_2 + |\boldsymbol{B}|_2 d_2} \\
& \times \int_0^t \exp\left[-(|\boldsymbol{A}|_2 + |\boldsymbol{D}|_2 |\boldsymbol{F}|_2 + |\boldsymbol{B}|_2 d_2)s\right] \\
& \mathrm{d}\exp\left[(|\boldsymbol{A}|_2 + |\boldsymbol{D}|_2 |\boldsymbol{F}|_2 + |\boldsymbol{B}|_2 d_2)s\right] \\
= & \lambda(0)\exp\left[(|\boldsymbol{A}|_2 + |\boldsymbol{D}|_2 |\boldsymbol{F}|_2 + |\boldsymbol{B}|_2 d_2)t\right] \\
& + \frac{|\boldsymbol{B}|_2 d_1}{|\boldsymbol{A}|_2 + |\boldsymbol{D}|_2 |\boldsymbol{F}|_2 + |\boldsymbol{B}|_2 d_2} \\
& \times \left\{\exp\left[(|\boldsymbol{A}|_2 + |\boldsymbol{D}|_2 |\boldsymbol{F}|_2 + |\boldsymbol{B}|_2 d_2)t\right] - 1\right\}
\end{aligned}
$$

整理得

$$
|x(t)|_2 \leqslant a_1 \exp(a_2 t)
$$

式中，

$$
a_1 = \lambda(0) + \frac{|\boldsymbol{B}|_2 d_1}{|\boldsymbol{A}|_2 + |\boldsymbol{D}|_2 |\boldsymbol{F}|_2 + |\boldsymbol{B}|_2 d_2}
$$

$$
a_2 = |\boldsymbol{A}|_2 + |\boldsymbol{D}|_2 |\boldsymbol{F}|_2 + |\boldsymbol{B}|_2 d_2
$$

根据设计的可调参数 μ 的“zoom-out”法则，存在正整数 i，在参数 μ 调节 i 次后系统状态必将进入量化器的量化范围内，即满足 $|x(t)|_2 \leqslant M\mu(t_i), t \geqslant t_i$。

当系统状态进入量化器的量化范围后，可能发生如下两种情况：

$$
\mu(t) \leqslant \frac{|\boldsymbol{C}x|_1}{(\beta+1)|\boldsymbol{C}|_1 \varDelta}
$$

和

$$
\mu(t) > \frac{|\boldsymbol{C}x|_1}{(\beta+1)|\boldsymbol{C}|_1 \varDelta}
$$

下面分别对其进行讨论。

（1） $\mu(t) \leqslant \dfrac{|Cx|_1}{(\beta+1)|C|_1 \Delta}$。

在这种情况下，本节证明采用本章设计的控制器能够保证系统轨迹进入一个边界层区域内。结合第 3 章给出的量化误差的定义 $e_\mu = q_\mu(x) - x$，函数 $s(x)$ 沿着系统式（6.1）关于时间 t 求导得

$$
\begin{aligned}
\dot{s}(x) &= C\dot{x} \\
&= C\{[A+G(t)]x + B(u+\xi)\} \\
&= C\{A[q_\mu(x)-e_\mu] + G(t)[q_\mu(x)-e_\mu] + Bu + B\xi\}
\end{aligned}
$$

进而可得

$$
\begin{aligned}
s^{\mathrm{T}}(x)\dot{s}(x) &= C[q_\mu(x)-e_\mu]^{\mathrm{T}} C\{A[q_\mu(x)-e_\mu] + G(t)[q_\mu(x)-e_\mu] + Bu + B\xi\} \\
&= [Cq_\mu(x)]^{\mathrm{T}} C\{A[q_\mu(x)-e_\mu] + G(t)[q_\mu(x)-e_\mu] + Bu + B\xi\} \\
&\quad -(Ce_\mu)^{\mathrm{T}} C\{A[q_\mu(x)-e_\mu] + G(t)[q_\mu(x)-e_\mu] + Bu + B\xi\}
\end{aligned}
$$

应用式（6.12），可知

$$
\begin{aligned}
s^{\mathrm{T}}(x)\dot{s}(x) &= [Cq_\mu(x)]^{\mathrm{T}} C\{-Ae_\mu + G(t)[q_\mu(x)-e_\mu] + Bu_2 + B\xi\} \\
&\quad -(Ce_\mu)^{\mathrm{T}} C\{-Ae_\mu + G(t)[q_\mu(x)-e_\mu] + Bu_2 + B\xi\}
\end{aligned}
$$

由 $|x^{\mathrm{T}}y| \leqslant |x|_1 |y|_\infty, |Xy|_\infty \leqslant |X|_\infty |y|_\infty$ 及 $|e_\mu|_\infty \leqslant |e_\mu|_1 \leqslant \Delta\mu$，可得

$$
\begin{aligned}
s^{\mathrm{T}}(x)\dot{s}(x) &\leqslant [Cq_\mu(x)]^{\mathrm{T}} C\{-Ae_\mu + G(t)[q_\mu(x)-e_\mu] + Bu_2 + B\xi\} \\
&\quad + \left|-(Ce_\mu)^{\mathrm{T}} C\{-Ae_\mu + G(t)[q_\mu(x)-e_\mu] + Bu_2 + B\xi\}\right| \\
&\leqslant [Cq_\mu(x)]^{\mathrm{T}} C\{-Ae_\mu + G(t)[q_\mu(x)-e_\mu] + Bu_2 + B\xi\} \\
&\quad + |Ce_\mu|_1 \left|C\{-Ae_\mu + G(t)[q_\mu(x)-e_\mu] + Bu_2 + B\xi\}\right|_\infty \\
&\leqslant [Cq_\mu(x)]^{\mathrm{T}} C\{-Ae_\mu + G(t)[q_\mu(x)-e_\mu] + Bu_2 + B\xi\} \\
&\quad + |Ce_\mu|_1 \{|CA|_\infty \Delta\mu + |C|_\infty |G(t)|_\infty [|q_\mu(x)|_\infty + \Delta\mu] \\
&\quad + |CB|_\infty |\xi|_\infty\} + |Ce_\mu|_1 |CBu_2|_\infty
\end{aligned}
$$

注意到 $|Ce_\mu|_1 \leqslant \dfrac{1}{\beta}|Cq_\mu(x)|_1$，可知

$$s^{\mathrm{T}}(x)\dot{s}(x) \leqslant \left[\boldsymbol{C}q_{\mu}(x)\right]^{\mathrm{T}} \boldsymbol{CB}u_2 + \frac{\beta+1}{\beta}|\boldsymbol{C}q_{\mu}(x)|_1 \{|\boldsymbol{CA}|_{\infty}\Delta\mu$$
$$+|\boldsymbol{C}|_{\infty}|\boldsymbol{G}(t)|_{\infty}[q_{\mu}(x)+\Delta\mu]+|\boldsymbol{CB}|_{\infty}|\xi|_{\infty}\} + \frac{1}{\beta}|\boldsymbol{C}q_{\mu}(x)|_1|\boldsymbol{CB}u_2|_{\infty}$$

因为

$$\begin{aligned}&|\boldsymbol{CA}|_{\infty}\Delta\mu+|\boldsymbol{C}|_{\infty}|\boldsymbol{G}(t)|_{\infty}\left[q_{\mu}(x)+\Delta\mu\right]+|\boldsymbol{CB}|_{\infty}|\xi|_{\infty}\\ &\leqslant |\boldsymbol{CA}|_{\infty}\Delta\mu+|\boldsymbol{C}|_{\infty}|\boldsymbol{G}(t)|_{\infty}\left[|q_{\mu}(x)|+\Delta\mu\right]+|\boldsymbol{CB}|_{\infty}d^*\\ &\leqslant \rho\left[\mu,q_{\mu}(x)\right]\end{aligned}$$

易得

$$\begin{aligned}s^{\mathrm{T}}(x)\dot{s}(x) \leqslant& \left[\boldsymbol{C}q_{\mu}(x)\right]^{\mathrm{T}} \boldsymbol{CB}u_2 + \frac{\beta+1}{\beta}|\boldsymbol{C}q_{\mu}(x)|_1\rho\left[\mu,q_{\mu}(x)\right]\\ &+\frac{1}{\beta}|\boldsymbol{C}q_{\mu}(x)|_1|\boldsymbol{CB}u_2|_{\infty}\end{aligned} \tag{6.15}$$

由 $u_2=-(\boldsymbol{CB})^{-1}\operatorname{sgn}\left[\boldsymbol{C}q_{\mu}(x)\right]\left\{\frac{\beta+1}{\beta-1}\rho\left[\mu,q_{\mu}(x)\right]+\frac{\beta\varepsilon}{\beta-1}\right\}$，知

$$\begin{aligned}&\frac{\beta-1}{\beta}\left[\boldsymbol{C}q_{\mu}(x)\right]^{\mathrm{T}}\boldsymbol{CB}u_2+\frac{\beta+1}{\beta}|\boldsymbol{C}q_{\mu}(x)|_1\rho\left[\mu,q_{\mu}(x)\right]\\ &=-\frac{(\beta+1)\rho\left[\mu,q_{\mu}(x)\right]}{\beta}\left[|c_1q_{\mu}(x)|_1+|c_2q_{\mu}(x)|_1+\cdots+|c_mq_{\mu}(x)|_1\right]\\ &\quad-\varepsilon\left[|c_1q_{\mu}(x)|_1+|c_2q_{\mu}(x)|_1+\cdots+|c_mq_{\mu}(x)|_1\right]\\ &\quad+\frac{\beta+1}{\beta}|\boldsymbol{C}q_{\mu}(x)|_1\rho\left[\mu,q_{\mu}(x)\right]\\ &=-\varepsilon|\boldsymbol{C}q_{\mu}(x)|_1\end{aligned} \tag{6.16}$$

式中，$|\boldsymbol{C}q_{\mu}(x)|_1=\left[|c_1q_{\mu}(x)|_1+|c_2q_{\mu}(x)|_1+\cdots+|c_mq_{\mu}(x)|_1\right]$；$\boldsymbol{C}=[c_1,c_2,\cdots,c_m]^{\mathrm{T}}$。类似可得

$$\begin{aligned}&\frac{1}{\beta}\left[\boldsymbol{C}q_{\mu}(x)\right]^{\mathrm{T}}\boldsymbol{CB}u_2+\frac{1}{\beta}|\boldsymbol{C}q_{\mu}(x)|_1|\boldsymbol{CB}u_2|_{\infty}\\ &=\frac{1}{\beta}\left[\boldsymbol{C}q_{\mu}(x)\right]^{\mathrm{T}}\boldsymbol{CB}\left\{-(\boldsymbol{CB})^{-1}\operatorname{sgn}\left[\boldsymbol{C}q_{\mu}(x)\right]\left\{\frac{\beta+1}{\beta-1}\rho\left[\mu,q_{\mu}(x)\right]+\frac{\beta\varepsilon}{\beta-1}\right\}\right\}\\ &\quad+\frac{1}{\beta}|\boldsymbol{C}q_{\mu}(x)|_1\left|\boldsymbol{CB}\left\{-(\boldsymbol{CB})^{-1}\operatorname{sgn}\left[\boldsymbol{C}q_{\mu}(x)\right]\left\{\frac{\beta+1}{\beta-1}\rho\left[\mu,q_{\mu}(x)\right]+\frac{\beta\varepsilon}{\beta-1}\right\}\right\}\right|_{\infty}\end{aligned}$$

$$
\begin{aligned}
&= -\frac{1}{\beta}\left[|c_1 q_\mu(x)|_1 + |c_2 q_\mu(x)|_1 + \cdots + |c_m q_\mu(x)|_1\right] \times \left\{\frac{\beta+1}{\beta-1}\rho\left[\mu, q_\mu(x)\right] + \frac{\beta\varepsilon}{\beta-1}\right\} \\
&\quad + \frac{1}{\beta}|\boldsymbol{C}q_\mu(x)|_1 \left|-\operatorname{sgn}\left[\boldsymbol{C}q_\mu(x)\right]\left\{\frac{\beta+1}{\beta-1}\rho\left[\mu, q_\mu(x)\right] + \frac{\beta\varepsilon}{\beta-1}\right\}\right|_\infty \\
&\leqslant -\frac{1}{\beta}|\boldsymbol{C}q_\mu(x)|_1 \left\{\frac{\beta+1}{\beta-1}\rho\left[\mu, q_\mu(x)\right] + \frac{\beta\varepsilon}{\beta-1}\right\} \\
&\quad + \frac{1}{\beta}|\boldsymbol{C}q_\mu(x)|_1 \left|\operatorname{sgn}\left[\boldsymbol{C}q_\mu(x)\right]\right|_\infty \left|\frac{\beta+1}{\beta-1}\rho\left[\mu, q_\mu(x)\right] + \frac{\beta\varepsilon}{\beta-1}\right|_\infty = 0
\end{aligned} \tag{6.17}
$$

结合式（6.15）～式（6.17），易得

$$
\begin{aligned}
s^{\mathrm{T}}(x)\dot{s}(x) &\leqslant \frac{\beta-1}{\beta}\left[\boldsymbol{C}q_\mu(x)\right]^{\mathrm{T}}\boldsymbol{C}\boldsymbol{B}\boldsymbol{u}_2 + \frac{\beta+1}{\beta}|\boldsymbol{C}q_\mu(x)|_1\,\rho\left[\mu, q_\mu(x)\right] \\
&\quad + \frac{1}{\beta}\left[\boldsymbol{C}q_\mu(x)\right]^{\mathrm{T}}\boldsymbol{C}\boldsymbol{B}\boldsymbol{u}_2 + \frac{1}{\beta}\left|\boldsymbol{C}q_\mu(x)\right|_1 |\boldsymbol{C}\boldsymbol{B}\boldsymbol{u}_2|_\infty \\
&= -\varepsilon|\boldsymbol{C}q_\mu(x)|_1
\end{aligned}
$$

根据基本不等式$|a+b|_1 \leqslant |a|_1 + |b|_1$，$\forall a \in R$，$b \in R$，以及$\left|\boldsymbol{C}e_\mu\right|_1 \leqslant \frac{1}{\beta}|\boldsymbol{C}q_\mu(x)|_1$有

$$
\left|\boldsymbol{C}x\right|_1 = |\boldsymbol{C}q_\mu(x) - \boldsymbol{C}e_\mu|_1 \leqslant |\boldsymbol{C}q_\mu(x)|_1 + |\boldsymbol{C}e_\mu|_1 \leqslant \frac{\beta+1}{\beta}|\boldsymbol{C}q_\mu(x)|_1
$$

可得

$$
\left|\boldsymbol{C}q_\mu(x)\right|_1 \geqslant \frac{\beta}{\beta+1}|\boldsymbol{C}x|_1 \tag{6.18}
$$

由于$|a|_1 \geqslant |a|_2$，$\forall a \in R^m$，则有$|\boldsymbol{C}x|_1 \geqslant |\boldsymbol{C}x|_2$。从而可知

$$
\begin{aligned}
s^{\mathrm{T}}(x)\dot{s}(x) &\leqslant -\varepsilon|\boldsymbol{C}q_\mu(x)|_1 \\
&\leqslant -\frac{\beta\varepsilon}{\beta+1}|\boldsymbol{C}x|_1 \\
&\leqslant -\frac{\beta\varepsilon}{\beta+1}|\boldsymbol{C}x|_2 \\
&= -\frac{\beta\varepsilon}{\beta+1}|s(x)|_2
\end{aligned} \tag{6.19}
$$

从上述证明可以看出系统状态轨迹能够到达边界层$\mathfrak{I}_i = \{x : |\boldsymbol{C}x|_1 \leqslant (\beta+1) \times |\boldsymbol{C}|_1\,\Delta\mu(t_0)(1+\varsigma)\}$内。

（2）$\mu(t) > \dfrac{|\boldsymbol{C}x|_1}{(\beta+1)|\boldsymbol{C}|_1\,\Delta}$。

在此情况下有$|\boldsymbol{C}x|_1 \leqslant (\beta+1)|\boldsymbol{C}|_1\,\Delta\mu(t_i)$。显而易见，系统状态轨迹位于边界

层区域 $\mathfrak{T}_i$ 内。

接下来证明当系统轨迹在边界区域 $\mathfrak{T}_i$ 内运动时，系统的状态将最终进入一个球型区域内。当状态进入球型区域内后，本节给出量化参数的“zoom-in”策略。

一旦系统状态进入边界层区域 $\mathfrak{T}_i=\{x:|\boldsymbol{C}x|_1\leqslant(\beta+1)|\boldsymbol{C}|_1\,\Delta\mu(t_0)(1+\varsigma)\}$ 这意味着

$$\left|\boldsymbol{C}_1x_1+\boldsymbol{C}_2x_2\right|_1\leqslant(\beta+1)|\boldsymbol{C}|_1\,\Delta\mu(t_i)(1+\varsigma)$$

从而可得

$$\boldsymbol{C}_1x_1+\boldsymbol{C}_2x_2=\theta(t)$$

式中，$|\theta(t)|\leqslant(\beta+1)|\boldsymbol{C}|_1\Delta\mu(t_i)(1+\varsigma)$。即

$$x_2=-\boldsymbol{C}_2^{-1}\boldsymbol{C}_1x_1+\boldsymbol{C}_2^{-1}\theta(t) \tag{6.20}$$

将式（6.20）代入式（6.3a），并结合 $\boldsymbol{G}_{11}=\boldsymbol{D}_1\boldsymbol{E}(t)\boldsymbol{F}_1$ 与 $\boldsymbol{G}_{12}=\boldsymbol{D}_1\boldsymbol{E}(t)\boldsymbol{F}_2$。得降阶系统为

$$\begin{aligned}\dot{x}_1=&\left\{\boldsymbol{A}_{11}+\boldsymbol{D}_1\boldsymbol{E}(t)\boldsymbol{F}_1-\left[\boldsymbol{A}_{12}+\boldsymbol{D}_1\boldsymbol{E}(t)\boldsymbol{F}_2\right]\boldsymbol{C}_2^{-1}\boldsymbol{C}_1\right\}x_1\\&+\left[\boldsymbol{A}_{12}+\boldsymbol{D}_1\boldsymbol{E}(t)\boldsymbol{F}_2\right]\boldsymbol{C}_2^{-1}\theta(t)\end{aligned} \tag{6.21}$$

取李雅普诺夫函数 $V=x_1^{\mathrm{T}}\boldsymbol{P}x_1$，则 V 沿着降阶系统式（6.21）关于时间 t 的导数为

$$\begin{aligned}\dot{V}=&\dot{x}_1^{\mathrm{T}}\boldsymbol{P}x_1+x_1^{\mathrm{T}}\boldsymbol{P}\dot{x}_1\\=&x_1^{\mathrm{T}}\Big\{\left\{\boldsymbol{A}_{11}+\boldsymbol{D}_1\boldsymbol{E}(t)\boldsymbol{F}_1-\left[\boldsymbol{A}_{12}+\boldsymbol{D}_1\boldsymbol{E}(t)\boldsymbol{F}_2\right]\boldsymbol{C}_2^{-1}\boldsymbol{C}_1\right\}^{\mathrm{T}}\boldsymbol{P}\\&+\boldsymbol{P}\left\{\boldsymbol{A}_{11}+\boldsymbol{D}_1\boldsymbol{E}(t)\boldsymbol{F}_1-\left[\boldsymbol{A}_{12}+\boldsymbol{D}_1\boldsymbol{E}(t)\boldsymbol{F}_2\right]\boldsymbol{C}_2^{-1}\boldsymbol{C}_1\right\}\Big\}x_1\\&+2x_1^{\mathrm{T}}\boldsymbol{P}\left[\boldsymbol{A}_{12}+\boldsymbol{D}_1\boldsymbol{E}(t)\boldsymbol{F}_2\right]\boldsymbol{C}_2^{-1}\theta(t)\end{aligned}$$

由定理 6.1 的证明可知

$$\begin{aligned}&\left\{\boldsymbol{A}_{11}+\boldsymbol{D}_1\boldsymbol{E}(t)\boldsymbol{F}_1-\left[\boldsymbol{A}_{12}+\boldsymbol{D}_1\boldsymbol{E}(t)\boldsymbol{F}_2\right]\boldsymbol{C}_2^{-1}\boldsymbol{C}_1\right\}^{\mathrm{T}}\boldsymbol{P}\\&+\boldsymbol{P}\left\{\boldsymbol{A}_{11}+\boldsymbol{D}_1\boldsymbol{E}(t)\boldsymbol{F}_1-\left[\boldsymbol{A}_{12}+\boldsymbol{D}_1\boldsymbol{E}(t)\boldsymbol{F}_2\right]\boldsymbol{C}_2^{-1}\boldsymbol{C}_1\right\}\leqslant-\boldsymbol{Q}\end{aligned}$$

根据 $x^{\mathrm{T}}\boldsymbol{Q}x\geqslant\lambda_{\min}(\boldsymbol{Q})|x|_2$ 及 $|\theta(t)|\leqslant(\beta+1)|\boldsymbol{C}|_1\Delta\mu(t_i)(1+\varsigma)$，可知

$$\dot{V}\leqslant-\lambda_{\min}(\boldsymbol{Q})|x_1|_2^2+2|x_1|_2|\boldsymbol{P}\left[\boldsymbol{A}_{12}+\boldsymbol{D}_1\boldsymbol{E}(t)\boldsymbol{F}_2\right]\boldsymbol{C}_2^{-1}|_2\,(\beta+1)|\boldsymbol{C}|_1\,\Delta\mu(t_i)(1+\varsigma)$$

显然存在某个时刻 t'，当 $t\geqslant t'>t_i$，系统状态 $x_1(t)$ 将进入球型域

$$\mathfrak{R}_1=\left\{x_1\,\middle|\,|x_1|_2\leqslant\frac{2\left|\boldsymbol{P}\left[\boldsymbol{A}_{12}+\boldsymbol{D}_1\boldsymbol{E}(t)\boldsymbol{F}_2\right]\boldsymbol{C}_2^{-1}\right|_2(\beta+1)\left|\boldsymbol{C}\right|_1\Delta\mu(t_i)(1+\varsigma)(1+\varsigma_1)}{\lambda_{\min}(\boldsymbol{Q})}\right\}$$

式中，$\varsigma_1>0$。由于 $x_2=-\boldsymbol{C}_2^{-1}\boldsymbol{C}_1x_1+\boldsymbol{C}_2^{-1}\theta(t)$，可得

$$|x_2|_2 \leqslant |C_2^{-1}C_1x_1|_2 + \left|C_2^{-1}\theta(t)(\beta+1)|C|_1 \Delta(1+\varsigma)\mu(t_i)\right|_2$$
$$\leqslant |C_2^{-1}C_1|_2|x_1|_2 + \left|C_2^{-1}\right|(\beta+1)|C|_1 \Delta(1+\varsigma)\mu(t_i)$$

记

$$H = \left|P\left[A_{12} + D_1E(t)F_2\right]C_2^{-1}\right|_2(\beta+1)|C|_1(1+\varsigma)(1+\varsigma_1)$$
$$N_1 = \frac{2H}{\lambda_{\min}(Q)\Delta}(1+|C_2^{-1}C_1|_2) + \left|C_2^{-1}\right|(\beta+1)|C|_1(1+\varsigma)$$

计算可得

$$\left|x(t)\right|_2 = \sqrt{x_1^{\mathrm{T}}x_1 + x_2^{\mathrm{T}}x_2} \leqslant |x_1|_2 + |x_2|_2 \leqslant N_1\Delta\mu(t_i), \quad t \geqslant t' > t_i$$

进而结合 $\left|e_{\mu(t_i)}(x)\right|_2 \leqslant |e_{\mu(t_i)}(x)|_1 \leqslant \Delta\mu(t_i)$，知

$$\left|q_{\mu(t_i)}(x)\right|_2 \leqslant |x(t)|_2 + |e_{\mu(t_i)}(x)|_2 \leqslant N_1\Delta\mu(t_i) + \Delta\mu(t_i), \quad t \geqslant t' > t_i \tag{6.22}$$

式（6.22）等价于

$$\left|q\left(\frac{x(t)}{\mu(t_i)}\right)\right|_2 \leqslant N_1\Delta + \Delta, \quad t \geqslant t' > t_i$$

由于 $q\left(\dfrac{x(t)}{\mu(t_i)}\right)$ 在数字通道的两侧都能获知，从而确保

$$\left|x(t)\right|_2 \leqslant N_1\Delta\mu(t_i) + 2\Delta\mu(t_i), \quad t \geqslant t' > t_i$$

记 $M_1 = (N_1 + 2)\Delta$，易知

$$\left|x(t)\right|_2 \leqslant M_1\Delta\mu(t_i), \quad t \geqslant t' > t_i \tag{6.23}$$

执行参数 $\mu(t)$ 的一次“zoom-in”调节：$\mu(t_{i+1}) = \Omega\mu(t_i), t_{i+1} \geqslant t' > t_i$。式中，参数 Ω 满足 $\dfrac{M_1}{M} < \Omega < 1$。由 $|x(t)|_2 \leqslant M_1\mu(t_i) \leqslant M\mu(t_{i+1})$ 知，量化器不饱和。

重复上述过程可知，采用量化参数调节策略及滑模变结构量化反馈控制器，当时间 $t \to \infty$ 时，$|x|_2 \to 0$ 并最终 $x \to 0$。

证毕。

6.4 仿真算例

本节给出一个仿真算例进一步验证本章所提方法的有效性。

考虑如下的线性不确定系统

$$\dot{x} = \left[A + G(t)\right]x + B\left[u + \xi(t,x)\right] \tag{6.24}$$

式中，

$$\boldsymbol{A}=\begin{bmatrix}0 & 1 & 1\\ 1 & 0 & 0\\ -1 & -1 & 2\end{bmatrix}$$

$$\boldsymbol{B}=\begin{bmatrix}0 & 0\\ 1 & 0\\ 0 & 1\end{bmatrix}$$

$|\xi(t,x)|_2=\left\|\begin{bmatrix}0\\ \sin(2t)+0.2\cos(2t)x_1\end{bmatrix}\right\|_2\leqslant d_1+d_2|x|_2$，$d_1=1$，$d_2=0.2$；以及 $\boldsymbol{G}(t)=D\boldsymbol{E}(t)F$；$D=\begin{bmatrix}1 & 0 & 1\end{bmatrix}^{\mathrm{T}}$，$E=\sin(t)$，$F=\begin{bmatrix}1 & 1 & 0\end{bmatrix}$。

为计算方便，令 $Z=1$，求解式（6.5），可得

$$P=1.6958\text{，}\quad Y=\begin{bmatrix}1\\ 2\end{bmatrix}$$

令 $\boldsymbol{C}_2=\boldsymbol{I}_2$ 得

$$C_1=\begin{bmatrix}1\\ 2\end{bmatrix}$$

进而可得系统滑模面为

$$s(x)=\begin{bmatrix}1 & 1 & 0\\ 2 & 1 & 0\end{bmatrix}x=0$$

取参数 $\varsigma=0.005,\varsigma_1=0.005,\beta=4$，可知参数 $H=150,N_1=680$ 满足设计要求。通过计算可知 $M_1=1200$ 满足式（6.19）。当 $M=1350$ 时，能够满足量化饱和要求 $|x|_2<M\mu$。仿真中选取 $\Omega=0.9\geqslant\dfrac{M}{M_1}=0.89,\iota=0.02,\Lambda=1.2>\exp(a_2\iota)$，其中，$a_2=4.5821\geqslant|\boldsymbol{A}|_2+|D|_2|F|_2+|\boldsymbol{B}|_2\,d_2$。系统初始状态选为 $x_0=\begin{bmatrix}2 & 3 & -8\end{bmatrix}$，量化参数的初始值取为 0.001。为了防止抖振现象的发生，仿真中采用函数 $\dfrac{s(x)}{|s(x)|+\overline{\theta}}$ 来替代 $\operatorname{sgn}[s(x)]$，其中，选取正数 $\overline{\theta}=0.03$。仿真结果如图 6.2～图 6.5 所示。其中，图 6.2～图 6.4 分别给出了系统状态、滑模函数及控制输入的响应曲线。从图 6.5 中可以看出，在系统运行的初始阶段，量化参数处于“zoom-out”过程，当量化参数调节一段时间后，进入“zoom-in”过程。从仿真结果可以看出设计的量化参数调节法则及量化反馈变结构控制律能很好地处理多输入系统的匹配/非匹配模型不确定性和外部扰动的影响，实现系统的鲁棒镇定。

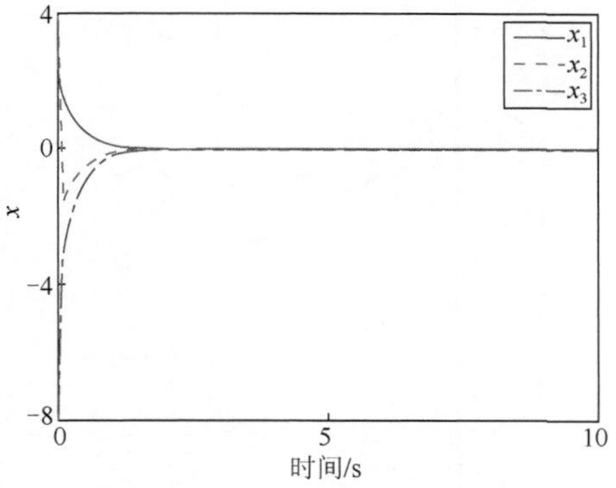

图 6.2　系统的状态响应曲线

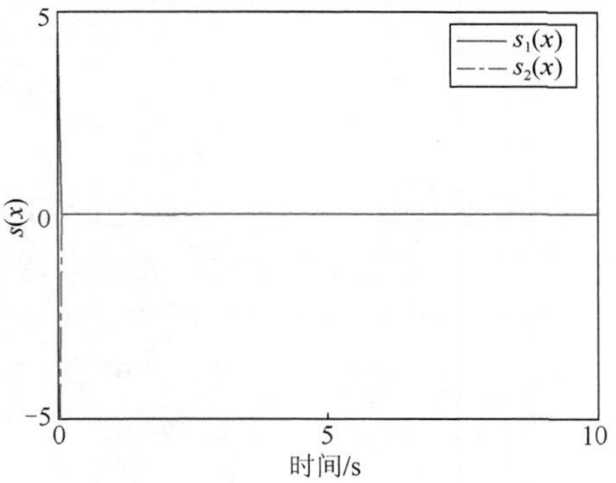

图 6.3　滑模函数 $s(x)$的轨迹

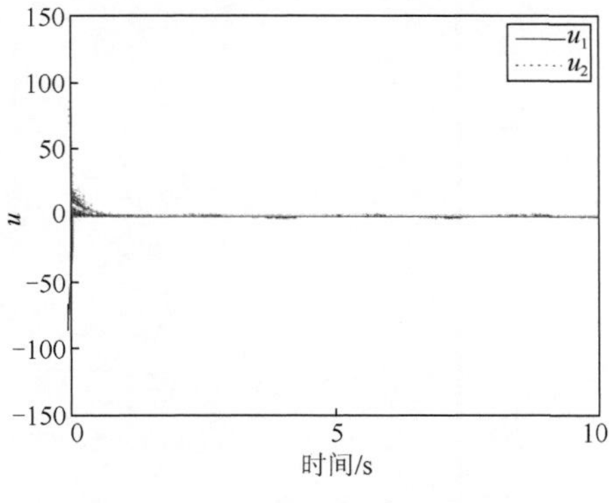

图 6.4　系统的控制输入响应

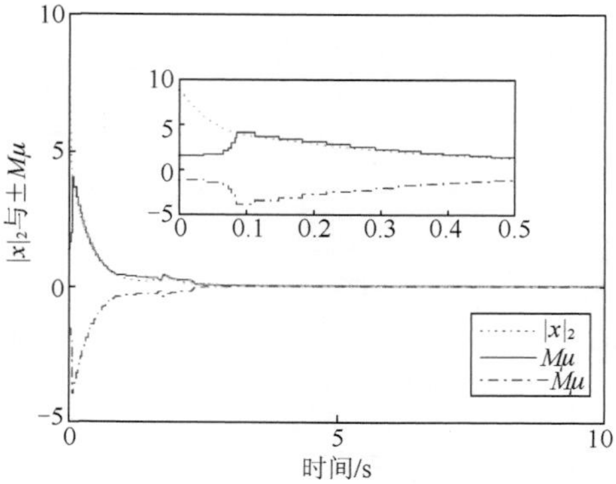

图 6.5　响应曲线：$|x|_2$ 与 $\pm M\mu$

6.5　本章小结

本章针对一类带有匹配/不匹配不确定性的线性时不变多输入系统进行了量化反馈镇定问题的研究。通过结合设计的量化参数静态调节策略，以及量化反馈滑模变结构控制器，能够很好地克服系统模型不确定及外部扰动的影响，实现闭环系统状态轨迹的渐近收敛。最后通过一个仿真算例进一步验证了本章所提方法的有效性。

7 线性不确定系统量化状态反馈滑模容错控制

7.1 引言

本章与第 8 章的内容是有关执行器故障情形下的量化反馈容错控制设计问题。由于执行器故障和量化的影响，传统的滑模变结构控制器设计不能使系统的轨迹到达预设的滑模面。如何设计滑模容错控制器来补偿量化误差是一个具有挑战性的问题。本章研究一类带有量化现象的不确定线性系统的滑模状态反馈容错控制问题。在充分考虑故障信息的情况下，给出动态量化器量化参数的调节范围，并设计量化参数调节策略。根据滑模变结构控制理论，本章设计的滑模变结构控制器保证闭环系统在有执行器故障和饱和情况下仍能渐近稳定。仿真算例进一步验证本章所提方法的有效性。

7.2 问题描述

考虑如下一类带有不匹配不确定性的线性系统：

$$\dot{x}(t) = \left[\boldsymbol{A} + \Delta\boldsymbol{A}(x,t)\right]x(t) + \boldsymbol{B}_2 u(t) + \boldsymbol{B}_1 w(t) \tag{7.1}$$

式中，$x(t) \in R^n$ 为系统状态；$u(t) \in R^m$ 为系统的控制输入；$w(t) \in R^q$ 为系统的外部扰动；$\boldsymbol{A}$、$\boldsymbol{B}_1$、$\boldsymbol{B}_2$ 是已知的具有适当维数的常数矩阵；$\Delta\boldsymbol{A}(x,t)$ 为系统的不匹配不确定性。

本章所考虑的容错控制系统结构如图 7.1 所示。

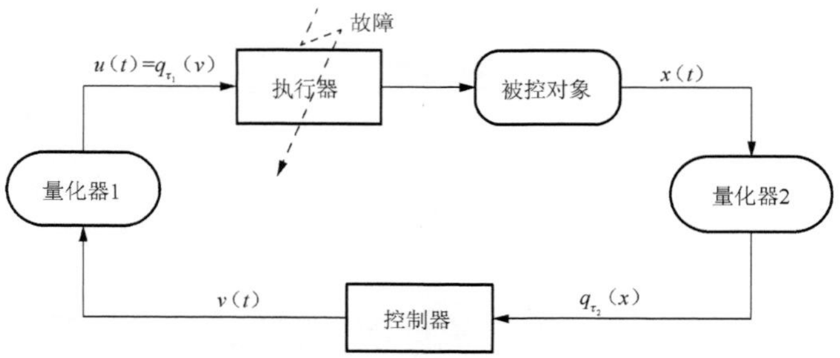

图 7.1　容错控制系统结构图

7.2.1　量化器模型

在本章的控制器设计中，采用如下形式的量化器[149-151]：

$$q_\tau(z) := \tau q\left(\frac{z}{\tau}\right) := \tau \mathrm{round}\left(\frac{z}{\tau}\right),\quad \tau > 0 \tag{7.2}$$

式中，$z \in R^p$ 为要量化的变量；τ 为量化水平（量化灵敏度）；$q_\tau(\cdot)$ 为带有水平 τ 的均匀量化器；$\mathrm{round}\left(\frac{z}{\tau}\right)$ 为将 $\frac{z}{\tau}$ 取最近整数的函数。

记量化误差为 $e_\tau = q_\tau(z) - z$。从图 7.1 中可以看出，本章同时考虑被量化的控制输入信号 $q_{\tau_1}(v)$ 和状态信号 $q_{\tau_2}(x)$。量化误差分别为

$$\begin{cases} |e_{\tau_1}| = |q_{\tau_1}(v) - v| \leqslant \varDelta_1 \tau_1 \\ |e_{\tau_2}| = |q_{\tau_2}(x) - x| \leqslant \varDelta_2 \tau_2 \end{cases} \tag{7.3}$$

本章在上行通道中采用静态量化器1对控制输入信号 $v(t)$ 进行量化，输出的量化信号为 $q_{\tau_1}(v)$；在下行通道中采用一个带有静态调节量化参数为 τ_2 的动态量化器对状态信号 $x(t)$ 进行量化，并传输量化状态 $q_{\tau_2}(x)$。由于静态量化器结构简单，在实际工程应用中很容易实现，量化器1采用静态量化器。如果量化器 2 也采用静态量化器，那么传统的滑模变结构控制律不能保证系统的状态到达并保持在滑模面上，而是到达滑模面附近的滑模带里，因此量化器 2 采用动态的量化器。对于动态量化器 2，量化水平 $\tau_2 = 0$ 将保证系统的状态在滑模面上。为了保证定义的完整性，令 $q_{\tau_2}(x) = 0$，当 $\tau_2 = 0$。

7.2.2　故障模型

执行器故障模型如下：

$$u^{\mathrm{F}}(t) = \boldsymbol{\rho} u(t) + \boldsymbol{\sigma} u_{\mathrm{s}}(t) \tag{7.4}$$

式中，$\boldsymbol{\rho} \in \varDelta_{\rho^j}$；$\boldsymbol{\sigma} \in \varDelta_{\sigma^j}, j \in I(1,L)$。

带有执行器故障式（7.4）的系统式（7.1）可以表示为

$$\dot{x}(t)=\left[\boldsymbol{A}+\Delta\boldsymbol{A}(x,t)\right]x(t)+\boldsymbol{B}_2\left[\boldsymbol{\rho}u(t)+\boldsymbol{\sigma}u_{\mathrm{s}}(t)\right]+\boldsymbol{B}_1w(t) \tag{7.5}$$

为保证在状态反馈设计中能得到容错目的，做如下假设。

假设 7.1：$\Delta\boldsymbol{A}(x,t)$ 的形式为 $\boldsymbol{DF}(x,t)\boldsymbol{E}$ 。其中，$\boldsymbol{F}(x,t)$ 是未知但有界的，对于所有的 $(x,t)\in R^n\times R$ 都满足 $\boldsymbol{F}^{\mathrm{T}}(x,t)\boldsymbol{F}(x,t)\leqslant\boldsymbol{I}$ ；$\boldsymbol{D}$ 和 $\boldsymbol{E}$ 是已知的具有适当维数的常数矩阵。

假设 7.2：非参数卡死故障和外部扰动为分段连续有界函数，即存在未知正常数 $\overline{u}_{\mathrm{s}}$ 和 $\overline{w}$ 使得下式成立

$$|u_s(t)|_2\leqslant\overline{u}_{\mathrm{s}},\quad |w(t)|_2\leqslant\overline{w}$$

假设 7.3：对所有执行器故障模式 $\boldsymbol{\rho}\in\varDelta_{\rho^j}$ ，$j\in I(1,L)$ 满足 $\mathrm{rank}\left[\boldsymbol{B}_2\boldsymbol{\rho}\right]=\mathrm{rank}\left[\boldsymbol{B}_2\right]=l$ 。

假设 7.4：对容错控制系统式（7.5），存在一个恰当维数的矩阵 $\boldsymbol{F}_1$ 使得 $\boldsymbol{B}_1$ 满足匹配条件 $\boldsymbol{B}_1=\boldsymbol{B}_2\boldsymbol{F}_1$ 。

7.2.3 问题描述

本章所要研究的问题可以归纳为针对闭环容错控制系统式（7.5），构造合适的滑模面，并找到滑模动态稳定的一个充分条件；同时找到故障信息，量化误差和量化状态信号的关系，并基于此设计滑模变结构控制律使之在系统存在执行器故障、不确定性、量化误差和外部扰动的情况下仍能保证闭环系统到达滑模面。

7.3 主要结果

7.3.1 滑模面设计

假设系统的输入矩阵 $\boldsymbol{B}_2$ 能分解为

$$\boldsymbol{B}_2=\boldsymbol{B}_{2\mathrm{v}}\boldsymbol{N} \tag{7.6}$$

式中，$\boldsymbol{N}\in R^{l\times m}$ ；$\boldsymbol{B}_{2\mathrm{v}}\in R^{n\times l}$ ，并且 $\boldsymbol{N}$ 和 $\boldsymbol{B}_{2\mathrm{v}}$ 的秩都是 l ，且 $l<m$ 。

为了能设计带有灵活参数的滑模变结构控制器，引入参数 $\zeta>0$ 如下：

$$\boldsymbol{B}_{2\mathrm{v}}=\frac{1}{\zeta}\boldsymbol{B}_{2\mathrm{v}}^0,\quad \boldsymbol{N}=\zeta\boldsymbol{N}^0 \tag{7.7}$$

本章巧妙地引入了参数 ζ ，其目的是调节矩阵 $\boldsymbol{NN}^{\mathrm{T}}$ 的最小特征值。这会给下面的滑模变结构控制器设计和量化参数调节带来很大的灵活性，这是本章的创新点之一。

考虑如下的线性矩阵不等式：

$$\begin{bmatrix} \tilde{\boldsymbol{B}}_{2\mathrm{v}} & 0 \\ 0 & \boldsymbol{I} \end{bmatrix}^{\mathrm{T}} \begin{bmatrix} \boldsymbol{AP}+\boldsymbol{PA}^{\mathrm{T}}+\boldsymbol{DD}^{\mathrm{T}} & \boldsymbol{PE}^{\mathrm{T}} \\ \boldsymbol{EP} & -\boldsymbol{I} \end{bmatrix} \begin{bmatrix} \tilde{\boldsymbol{B}}_{2\mathrm{v}} & 0 \\ 0 & \boldsymbol{I} \end{bmatrix} < 0 \tag{7.8}$$

式中，$\boldsymbol{P}$ 是一个正定矩阵；$\tilde{\boldsymbol{B}}_{2\mathrm{v}}$ 是矩阵 $\boldsymbol{B}_{2\mathrm{v}}^{\mathrm{T}}$ 的零空间的基，即 $\tilde{\boldsymbol{B}}_{2\mathrm{v}}$ 是矩阵 $\boldsymbol{B}_{2\mathrm{v}}$ 的一个正交补。注意到，对于给定的矩阵 $\boldsymbol{B}_{2\mathrm{v}}$，$\tilde{\boldsymbol{B}}_{2\mathrm{v}}$ 不是唯一的，但并不影响结果。正如文献[222]中所说，如果 $(\boldsymbol{A},\boldsymbol{B}_2)$ 是可稳的，则式（7.8）一定有解。

定义如下的滑模面方程：

$$\Omega=\{x:\alpha(x)=\boldsymbol{S}x(t)=\boldsymbol{B}_{2\mathrm{v}}^{\mathrm{T}}\boldsymbol{P}^{-1}x(t)=0\} \tag{7.9}$$

式中，$\boldsymbol{S}$ 是一个待设计的参数，其必须保证矩阵 $\boldsymbol{SB}_{2\mathrm{v}}$ 是非奇异的且 $(n-l)$ 维降阶系统是渐近稳定的。

接下来本章给出在系统可能发生执行器故障及存在量化现象、不匹配不确定性和外部扰动的情况下，系统式（7.5）在滑模面式（7.9）上存在滑动模态的一个充分条件。

定理 7.1：针对不确定线性系统式（7.1），滑模面方程由式（7.9）给出。如果存在一个正定矩阵 $\boldsymbol{P}$ 满足式（7.8），则在滑模面 $\alpha(x)=0$ 上的 $(n-l)$ 维降阶动态式（7.10）是渐近稳定的。

$$\begin{cases} \dot{z}_1(t)=\bar{\boldsymbol{A}}_{11}z_1(t) \\ z_1(t)=\tilde{\boldsymbol{B}}_{2\mathrm{v}}^{\mathrm{T}}x(t) \\ \bar{\boldsymbol{A}}_{11}=\tilde{\boldsymbol{B}}_{2\mathrm{v}}^{\mathrm{T}}\left[\boldsymbol{A}+\boldsymbol{DF}(t)\boldsymbol{E}\right]\boldsymbol{P}\tilde{\boldsymbol{B}}_{2\mathrm{v}}(\tilde{\boldsymbol{B}}_{2\mathrm{v}}^{\mathrm{T}}\boldsymbol{P}\tilde{\boldsymbol{B}}_{2\mathrm{v}})^{-1} \end{cases} \tag{7.10}$$

证明：首先，定义一个状态变换矩阵 $\boldsymbol{M}$ [222]，相应的变换矢量 $z(t)$ 如下：

$$\boldsymbol{M}\overset{\mathrm{def}}{=}\begin{bmatrix} \tilde{\boldsymbol{B}}_{2\mathrm{v}}^{\mathrm{T}} \\ \boldsymbol{B}_{2\mathrm{v}}^{\mathrm{T}}\boldsymbol{P}^{-1} \end{bmatrix}=\begin{bmatrix} \tilde{\boldsymbol{B}}_{2\mathrm{v}}^{\mathrm{T}} \\ \boldsymbol{S} \end{bmatrix}, \qquad z(t)\overset{\mathrm{def}}{=}\begin{bmatrix} z_1(t) \\ z_2(t) \end{bmatrix}=\boldsymbol{M}x(t)$$

式中，$z_1(t)\in R^{n-l}$；$z_2(t)\in R^{l}$。可得 $\boldsymbol{M}^{-1}=\left[\boldsymbol{P}\tilde{\boldsymbol{B}}_{2\mathrm{v}}(\tilde{\boldsymbol{B}}_{2\mathrm{v}}^{\mathrm{T}}\boldsymbol{P}\tilde{\boldsymbol{B}}_{2\mathrm{v}})^{-1} \quad \boldsymbol{B}_{2\mathrm{v}}(\boldsymbol{SB}_{2\mathrm{v}})^{-1}\right]$ 和 $z_2(t)=\alpha(t)$。通过上述状态变换可以得到

$$\dot{z}(t)=\boldsymbol{MAM}^{-1}z(t)+\boldsymbol{MDF}(x,t)\boldsymbol{EM}^{-1}z(t)+\boldsymbol{MB}_2\left[u^{\mathrm{F}}(t)+\boldsymbol{F}_1w(t)\right] \tag{7.11}$$

式（7.11）可以改写成

$$\begin{bmatrix} \dot{z}_1(t) \\ \dot{\alpha}(t) \end{bmatrix}=\begin{bmatrix} \bar{\boldsymbol{A}}_{11} & \bar{\boldsymbol{A}}_{12} \\ \bar{\boldsymbol{A}}_{21} & \bar{\boldsymbol{A}}_{22} \end{bmatrix}\begin{bmatrix} z_1(t) \\ \alpha(t) \end{bmatrix}+\begin{bmatrix} 0 \\ \boldsymbol{SB}_2 \end{bmatrix}\left[\boldsymbol{\rho}u(t)+\boldsymbol{\sigma}u_{\mathrm{s}}(t)+\boldsymbol{F}_1w(t)\right] \tag{7.12}$$

式中，

$$\bar{\boldsymbol{A}}_{11}=\tilde{\boldsymbol{B}}_{2\mathrm{v}}^{\mathrm{T}}\left[\boldsymbol{A}+\boldsymbol{DF}(x,t)\boldsymbol{E}\right]\boldsymbol{P}\tilde{\boldsymbol{B}}_{2\mathrm{v}}(\tilde{\boldsymbol{B}}_{2\mathrm{v}}^{\mathrm{T}}\boldsymbol{P}\tilde{\boldsymbol{B}}_{2\mathrm{v}})^{-1}$$
$$\bar{\boldsymbol{A}}_{12}=\tilde{\boldsymbol{B}}_{2\mathrm{v}}^{\mathrm{T}}\left[\boldsymbol{A}+\boldsymbol{DF}(x,t)\boldsymbol{E}\right]\boldsymbol{B}_{2\mathrm{v}}(\boldsymbol{SB}_{2\mathrm{v}})^{-1}$$
$$\bar{\boldsymbol{A}}_{21}=\boldsymbol{S}\left[\boldsymbol{A}+\boldsymbol{DF}(x,t)\boldsymbol{E}\right]\boldsymbol{P}\tilde{\boldsymbol{B}}_{2\mathrm{v}}(\tilde{\boldsymbol{B}}_{2\mathrm{v}}^{\mathrm{T}}\boldsymbol{P}\tilde{\boldsymbol{B}}_{2\mathrm{v}})^{-1}$$
$$\bar{\boldsymbol{A}}_{22}=\boldsymbol{S}\left[\boldsymbol{A}+\boldsymbol{DF}(x,t)\boldsymbol{E}\right]\tilde{\boldsymbol{B}}_{2\mathrm{v}}(\boldsymbol{SB}_{2\mathrm{v}})^{-1}$$

由于 $\text{rank}[\boldsymbol{S}]=\text{rank}[\boldsymbol{SB}_2\boldsymbol{\rho}]=l$，对矩阵 $\boldsymbol{SB}_2\boldsymbol{\rho}$ 扩维并加入列向量 $\boldsymbol{S}[\boldsymbol{A}+\boldsymbol{DF}(x,t)\boldsymbol{E}]\boldsymbol{P}\tilde{\boldsymbol{B}}_{2\text{v}}^{\text{T}}(\tilde{\boldsymbol{B}}_{2\text{v}}^{\text{T}}\boldsymbol{P}\tilde{\boldsymbol{B}}_{2\text{v}}^{\text{T}})^{-1}z_1(t)$ 并不改变其秩，也就是说

$$\begin{aligned}&\text{rank}[\boldsymbol{SB}_2\boldsymbol{\rho}]\\&=\text{rank}\left\{\boldsymbol{SB}_2\boldsymbol{\rho},\boldsymbol{S}[\boldsymbol{A}+\boldsymbol{DF}(x,t)\boldsymbol{E}]\boldsymbol{P}\tilde{\boldsymbol{B}}_{2\text{v}}(\tilde{\boldsymbol{B}}_{2\text{v}}^{\text{T}}\boldsymbol{P}\tilde{\boldsymbol{B}}_{2\text{v}})^{-1}z_1(t),\boldsymbol{SB}_2\boldsymbol{\sigma}u_{\text{s}}(t),\boldsymbol{SB}_2\boldsymbol{F}_1w(t)\right\}\end{aligned}$$

这会导致可以有无数个解的存在，即等效控制不唯一。此外，考虑到量化现象，即 $q_{\tau_1}(v)=u(t)=v(t)+e_{\tau_1}$，并根据文献[89]中的等效控制的求法可以得到

$$\begin{aligned}v_{\text{eq}}(t)=&-(\boldsymbol{N\rho})^{+}(\boldsymbol{SB}_{2\text{v}})^{-1}\boldsymbol{S}[\boldsymbol{A}+\boldsymbol{DF}(x,t)\boldsymbol{E}]\boldsymbol{P}\tilde{\boldsymbol{B}}_{2\text{v}}(\tilde{\boldsymbol{B}}_{2\text{v}}^{\text{T}}\boldsymbol{P}\tilde{\boldsymbol{B}}_{2\text{v}})^{-1}z_1(t)\\&-(\boldsymbol{N\rho})^{+}\boldsymbol{N\sigma}u_{\text{s}}(t)-(\boldsymbol{N\rho})^{+}\boldsymbol{NF}_1w(t)-e_{\tau_1}\end{aligned}$$

式中，$(\boldsymbol{N\rho})^{+}$ 是矩阵 $\boldsymbol{N\rho}$ 的 Moore-Penrose 逆。令 $\dot{\alpha}=\alpha=0$，并将 $v_{\text{eq}}(t)$ 代入可以得到如下的系统动态：

$$\begin{cases}\dot{z}_1(t)=\overline{\boldsymbol{A}}_{11}z_1(t)\\z_1(t)=\tilde{\boldsymbol{B}}_{2\text{v}}^{\text{T}}x(t),\\\overline{\boldsymbol{A}}_{11}=\tilde{\boldsymbol{B}}_{2\text{v}}^{\text{T}}[\boldsymbol{A}+\boldsymbol{DF}(t)\boldsymbol{E}]\boldsymbol{P}\tilde{\boldsymbol{B}}_{2\text{v}}(\tilde{\boldsymbol{B}}_{2\text{v}}^{\text{T}}\boldsymbol{P}\tilde{\boldsymbol{B}}_{2\text{v}})^{-1}\end{cases}$$

即闭环系统在滑模面 $\alpha(t)=\boldsymbol{B}_{2\text{v}}^{\text{T}}\boldsymbol{P}^{-1}x(t)=0$ 上的 $(n-l)$ 维降阶动态由式（7.10）给出。由文献[222]中的引理 1 可得，若存在一个正定矩阵 $\boldsymbol{P}_0$ 使得下式成立：

$$\begin{aligned}&\tilde{\boldsymbol{B}}_{2\text{v}}^{\text{T}}\boldsymbol{AP}\tilde{\boldsymbol{B}}_{2\text{v}}(\tilde{\boldsymbol{B}}_{2\text{v}}^{\text{T}}\boldsymbol{P}\tilde{\boldsymbol{B}}_{2\text{v}})^{-1}\boldsymbol{P}_0+\boldsymbol{P}_0(\tilde{\boldsymbol{B}}_{2\text{v}}^{\text{T}}\boldsymbol{P}\tilde{\boldsymbol{B}}_{2\text{v}})^{-1}\tilde{\boldsymbol{B}}_{2\text{v}}^{\text{T}}\boldsymbol{PA}^{\text{T}}\tilde{\boldsymbol{B}}_{2\text{v}}+\tilde{\boldsymbol{B}}_{2\text{v}}^{\text{T}}\boldsymbol{DD}^{\text{T}}\tilde{\boldsymbol{B}}_{2\text{v}}\\&+\boldsymbol{P}_0(\tilde{\boldsymbol{B}}_{2\text{v}}^{\text{T}}\boldsymbol{P}\tilde{\boldsymbol{B}}_{2\text{v}})^{-1}\tilde{\boldsymbol{B}}_{2\text{v}}^{\text{T}}\boldsymbol{PE}^{\text{T}}\boldsymbol{EP}(\tilde{\boldsymbol{B}}_{2\text{v}}^{\text{T}}\boldsymbol{P}\tilde{\boldsymbol{B}}_{2\text{v}})^{-1}\boldsymbol{P}_0<0\end{aligned}\tag{7.13}$$

则降阶系统式（7.10）是渐近稳定的。

由引理 2.4 可得式（7.8）等价于

$$\boldsymbol{P}>0,\ \tilde{\boldsymbol{B}}_{2\text{v}}^{\text{T}}(\boldsymbol{AP}+\boldsymbol{PA}^{\text{T}}+\boldsymbol{DD}^{\text{T}}+\boldsymbol{PE}^{\text{T}}\boldsymbol{EP})\tilde{\boldsymbol{B}}_{2\text{v}}<0$$

令 $\boldsymbol{P}_0=\tilde{\boldsymbol{B}}_{2\text{v}}^{\text{T}}\boldsymbol{P}\tilde{\boldsymbol{B}}_{2\text{v}}$，则式（7.13）成立，这就意味着降阶动态系统式（7.10）是渐近稳定的。

证毕。

7.3.2 滑模变结构控制器设计

考虑如下形式的滑模容错控制器：

$$v(t)=-\eta(x,t)\boldsymbol{N}^{\text{T}}\text{sgn}\left[\boldsymbol{S}q_{\tau_2}(x)\right]\tag{7.14}$$

式中，

$$\begin{aligned}\eta(x,t)=\frac{1}{\kappa}\left(1+\frac{\mu\lambda_1-\kappa}{\sqrt{l}\lambda_2}\right)\Big[&|\boldsymbol{S}_0\boldsymbol{A}q_{\tau_2}(x)|_\infty+|\boldsymbol{S}_0\boldsymbol{A}|_\infty\varDelta_2\tau_2\\&+|\boldsymbol{S}_0\boldsymbol{D}|_\infty|\boldsymbol{E}q_{\tau_2}(x)|_\infty+|\boldsymbol{S}_0\boldsymbol{D}|_\infty|\boldsymbol{E}|_\infty\varDelta_2\tau_2+|\boldsymbol{N}|_\infty\varDelta_1\tau_1\\&+\sum_{i=1}^{m}|\boldsymbol{N}_i|_1\hat{\sigma}_i\hat{\bar{u}}_{\text{s}i}(t)+\sum_{k=1}^{q}|\boldsymbol{NF}_{1k}|_1\hat{\bar{w}}_k+\varepsilon\Big]\end{aligned}\tag{7.15}$$

其中，ε是一任意的正标量；$\lambda_1=\lambda_{\min}(\boldsymbol{N}\boldsymbol{N}^{\mathrm{T}})$；$\lambda_2=\lambda_{\max}(\boldsymbol{N}\boldsymbol{N}^{\mathrm{T}})$，即$\lambda_1$和$\lambda_2$分别是矩阵$\boldsymbol{N}\boldsymbol{N}^{\mathrm{T}}$的最小特征值和最大特征值；$\mu$和$\kappa$将在后面设计出来保证分别满足式（2.34）和式（5.18）；参数$\hat{\sigma}_i$、$\hat{\bar{u}}_{si}$和$\hat{\bar{w}}_k$分别是故障信息σ、卡死故障的上界$\bar{u}_{si}$、和扰动上界$\bar{w}_k$的估计值。为了保证定义的完整性，定义当$\boldsymbol{S}q_{\tau_2}(x)=0$时，$v(t)=0$。在引理 2.6 的基础上，本章将引入下面几个引理，将在后面的滑模变结构控制器设计中用到。

引理 7.1：假设式（2.34）成立。λ_1为矩阵$\boldsymbol{N}\boldsymbol{N}^{\mathrm{T}}$的最小特征值。则对于所有的$\boldsymbol{\rho}\in\varDelta_{\rho^j},j=1,2,\cdots,L$，不等式

$$\boldsymbol{\alpha}^{\mathrm{T}}\boldsymbol{N}\boldsymbol{\rho}\boldsymbol{N}^{\mathrm{T}}\mathrm{sgn}(\boldsymbol{\alpha})\geqslant\mu\lambda_1|\boldsymbol{\alpha}|_1 \tag{7.16}$$

始终成立。

证明：很容易可以得到

$$\mathrm{sgn}(\boldsymbol{\alpha})=\begin{pmatrix}\mathrm{sgn}(\alpha_1)\\ \mathrm{sgn}(\alpha_2)\\ \vdots\\ \mathrm{sgn}(\alpha_l)\end{pmatrix}=\begin{pmatrix}\dfrac{\alpha_1}{|\alpha_1|}\\ \dfrac{\alpha_2}{|\alpha_2|}\\ \vdots\\ \dfrac{\alpha_l}{|\alpha_l|}\end{pmatrix}=\boldsymbol{M}_0\boldsymbol{\alpha}$$

式中，$\boldsymbol{M}_0=\mathrm{diag}\left\{\dfrac{1}{|\alpha_1|},\dfrac{1}{|\alpha_2|},\cdots,\dfrac{1}{|\alpha_l|}\right\}>0$；$\boldsymbol{\alpha}=(\alpha_1^{\mathrm{T}},\alpha_2^{\mathrm{T}},\cdots,\alpha_l^{\mathrm{T}})^{\mathrm{T}}$。

正如引理 2.6 所证明的结果，对于所有的$\boldsymbol{\rho}\in\varDelta_{\rho^j},j=1,2,\cdots,L$，$\boldsymbol{N}\boldsymbol{\rho}\boldsymbol{N}^{\mathrm{T}}$都是正定矩阵。因此，$\boldsymbol{N}\boldsymbol{\rho}\boldsymbol{N}^{\mathrm{T}}\boldsymbol{M}_0$也是正定矩阵。则下面的不等式成立：

$$\begin{aligned}\boldsymbol{\alpha}^{\mathrm{T}}\boldsymbol{N}\boldsymbol{\rho}\boldsymbol{N}^{\mathrm{T}}\mathrm{sgn}(\boldsymbol{\alpha})&=\boldsymbol{\alpha}^{\mathrm{T}}\boldsymbol{N}\boldsymbol{\rho}\boldsymbol{N}^{\mathrm{T}}\boldsymbol{M}_0\boldsymbol{\alpha}\\&\geqslant\mu\boldsymbol{\alpha}^{\mathrm{T}}\boldsymbol{N}\boldsymbol{N}^{\mathrm{T}}\boldsymbol{M}_0\boldsymbol{\alpha}\\&\geqslant\mu\lambda_1\boldsymbol{\alpha}^{\mathrm{T}}\boldsymbol{M}_0\boldsymbol{\alpha}\\&=\mu\lambda_1|\boldsymbol{\alpha}|_1\end{aligned}$$

证毕。

引理 7.2：假设矩阵$\boldsymbol{N}^0$、$\boldsymbol{N}$和μ由分别由式（7.6）、式（7.7）和式（7.16）给出。λ_{10}和λ_1分别表示矩阵$\boldsymbol{N}^0(\boldsymbol{N}^0)^{\mathrm{T}}$和$\boldsymbol{N}\boldsymbol{N}^{\mathrm{T}}$的最小特征值。则必然存在标量$\zeta>0$和$\kappa>0$使得下面关系成立：

$$\lambda_1=\zeta^2\lambda_{10} \tag{7.17}$$

$$\mu \in \left(\frac{\kappa}{\lambda_1}, 1\right] \tag{7.18}$$

证明： 由方阵的特征值的基本性质可知式（7.17）显然成立。任意选择一个正标量$\zeta > 0$，由式（7.17）可以得到λ_1。那么一定存在任意小的正标量$\omega > 0$，使得$\kappa = \mu\lambda_1 - \omega > 0$成立。由于$\mu \in (0,1]$，不难得到$\kappa < \mu\lambda_1 \leqslant \lambda_1$成立。由此，式（7.18）成立。

证毕。

由引理 7.2 得知，无论故障信息的下界μ多么小，总可以通过选择参数ζ和κ，使其在由式（7.18）给出的区间里。

引理 7.3： 假设矩阵$\boldsymbol{N} \in R^{l\times m}$由式（7.6）给出，滑模面由式（7.9）给出，$\varDelta_2$由式（7.3）定义，$\lambda_1$和$\lambda_2$分别表示正定矩阵$\boldsymbol{N}\boldsymbol{N}^{\mathrm{T}} \in R^{l\times l}$的最小特征值和最大特征值。如果存在一个正标量$\tau_2 > 0$满足

$$\tau_2 < \frac{(\mu\lambda_1 - \kappa)\,|\,\alpha(x)\,|_1}{(\sqrt{l}\lambda_2 + \lambda_1)\,|\,\boldsymbol{S}\,|_1\,\varDelta_2} \tag{7.19}$$

则下面不等式成立：

$$|\,\boldsymbol{S}e_{\tau_2}\,|_1 \leqslant |\,\boldsymbol{S}\,|_1\,\varDelta_2\tau_2 < \frac{\mu\lambda_1 - \kappa}{\sqrt{l}\lambda_2}\,|\,\boldsymbol{S}q_{\tau_2}(x)\,|_1 \tag{7.20}$$

证明： 由式（7.3）可知式（7.20）的前半部分是成立的。在式（7.19）左右两边同时乘以$(\sqrt{l}\lambda_2 + \lambda_1)\,|\,\boldsymbol{S}\,|_1\,\varDelta_2$，可以得到

$$(\sqrt{l}\lambda_2 + \lambda_1)\,|\,\boldsymbol{S}\,|_1\,\varDelta_2\tau_2 < (\mu\lambda_1 - \kappa)\,|\,\alpha(x)\,|_1 \tag{7.21}$$

同时考虑到式（7.18）可以得到

$$(\sqrt{l}\lambda_2 + \mu\lambda_1 - \kappa)\,|\,\boldsymbol{S}\,|_1\,\varDelta_2\tau_2 < (\sqrt{l}\lambda_2 + \lambda_1)\,|\,\boldsymbol{S}\,|_1\,\varDelta_2\tau_2 \tag{7.22}$$

结合式（7.22）和式（7.21），并除以$\sqrt{l}\lambda_2$，可以得到

$$\left(1 + \frac{\mu\lambda_1 - \kappa}{\sqrt{l}\lambda_2}\right)|\,\boldsymbol{S}\,|_1\,\varDelta_2\tau_2 < \frac{\mu\lambda_1 - \kappa}{\sqrt{l}\lambda_2}\,|\,\alpha(x)\,|_1 \tag{7.23}$$

在式（7.23）两边同时减去$\frac{\mu\lambda_1 - \kappa}{\sqrt{l}\lambda_2}\,|\,\boldsymbol{S}\,|_1\,\varDelta_2\tau_2$，可以得到

$$|\,\boldsymbol{S}\,|_1\,\varDelta_2\tau_2 < \frac{\mu\lambda_1 - \kappa}{\sqrt{l}\lambda_2}\Big[\,|\,\alpha(x)\,|_1 - |\,\boldsymbol{S}\,|_1\,\varDelta_2\tau_2\,\Big]$$

借助于三角不等式

$$|\,a + b\,| \geqslant |\,a\,| - |\,b\,|, \forall a \in R, b \in R$$

并结合式（7.3），可以得到

$$|\alpha(x)|_1 - |\boldsymbol{S}|_1 \Delta_2 \tau_2 < |\alpha(x)|_1 - |\boldsymbol{S}|_1 |e_{\tau_2}|_1 < |\boldsymbol{S}(x+e_{\tau_2})|_1$$

最后，利用量化关系式 $x+e_{\tau_2}=q_{\tau_2}(x)$，很容易得知下面不等式成立：

$$\left|\boldsymbol{S}e_{\tau_2}\right|_1 < \frac{\mu\lambda_1-\kappa}{\sqrt{l}\lambda_2}\left|\boldsymbol{S}q_{\tau_2}(x)\right|_1$$

证毕。

在给出主要定理之前，首先引入几个系统矩阵的分解形式：

$$\boldsymbol{F}_1=\begin{bmatrix}F_{11} & F_{12} & \cdots & F_{1q}\end{bmatrix}\in R^{m\times q}$$

$$\boldsymbol{N}=\begin{bmatrix}N_1 & N_2 & \cdots & N_m\end{bmatrix}\in R^{l\times m}$$

$$\overline{u}_{\mathrm{s}}=\begin{bmatrix}\overline{u}_{\mathrm{s}1} & \overline{u}_{\mathrm{s}2} & \cdots & \overline{u}_{\mathrm{s}m}\end{bmatrix}^{\mathrm{T}}\in R^{m\times 1}$$

$$\overline{w}=\begin{bmatrix}\overline{w}_1 & \overline{w}_2 & \cdots & \overline{w}_q\end{bmatrix}^{\mathrm{T}}\in R^{q\times 1}$$

由于 $\hat{\overline{u}}_{si}$、$\hat{\sigma}$ 和 $\hat{\overline{w}}_k$ 分别是未知参数 $\overline{u}_{si}$、σ 和 $\overline{w}_k$ 的估计值，相应的自适应律如下：

$$\begin{cases}\dot{\hat{\overline{u}}}_{si}(t)=\gamma_{1i}\left(1+\dfrac{\mu\lambda_1-\kappa}{\sqrt{l}\lambda_2}\right)|\boldsymbol{S}q\tau_2(x)|_1|N_i|_1,\ \hat{\overline{u}}_{si}(0)=\overline{u}_{si0}\\ \dot{\hat{\sigma}}_i(t)=\gamma_{2i}\left(1+\dfrac{\mu\lambda_1-\kappa}{\sqrt{l}\lambda_2}\right)|\boldsymbol{S}q\tau_2(x)|_1|N_i|_1\hat{\overline{u}}_{si}(t),\ \hat{\sigma}_i(0)=\overline{\sigma}_{i0}\\ \dot{\hat{\overline{w}}}_k(t)=\gamma_{3k}\left(1+\dfrac{\mu\lambda_1-\kappa}{\sqrt{l}\lambda_2}\right)|\boldsymbol{S}q_{\tau_2}(x)|_1|\boldsymbol{N}\boldsymbol{F}_{lk}|_1,\hat{\overline{w}}_k(0)=\overline{w}_{k0}\end{cases}\tag{7.24}$$

式中，$i=1,\cdots,m$；$k=1,\cdots,q$；$\overline{u}_{si0}$、$\overline{\sigma}_{i0}$ 和 $\overline{w}_{k0}$ 分别是 $\overline{u}_{si}$、σ_i 和 $\overline{w}_k$ 的有界初始值。根据实际应用情况设计合适的自适应增益 γ_{1i}、γ_{2i} 和 γ_{3k}。

令

$$\begin{cases}\tilde{\overline{u}}_{si}(t)=\hat{\overline{u}}_{si}(t)-\overline{u}_{si}\\ \tilde{\sigma}_i(t)=\hat{\sigma}_i(t)-\sigma_i\\ \tilde{\overline{w}}_k(t)=\hat{\overline{w}}_k(t)-\overline{w}_k\end{cases}\tag{7.25}$$

由于 $\overline{u}_{si}$、σ_i 和 $\overline{w}_k$ 是未知的正常数，其误差系统可以写为

$$\begin{cases}\dot{\tilde{\overline{u}}}_{si}(t)=\dot{\hat{\overline{u}}}_{si}(t)\\ \dot{\tilde{\sigma}}_i(t)=\dot{\hat{\sigma}}_i(t)\\ \dot{\tilde{\overline{w}}}_k(t)=\dot{\hat{\overline{w}}}_k(t)\end{cases}$$

本章所用到的量化参数 τ_2 调节策略如下。

（1）初始化：选择$\tau_2(t)$的初始值$\tau_2(t_0)$为

$$\tau_2(t_0)=\frac{(\mu\lambda_1-\kappa)\lfloor|\alpha(x_0)|_1\rfloor}{(\sqrt{l}\lambda_2+\lambda_1)|\boldsymbol{S}|_1\varDelta_2}$$

式中，函数$\lfloor f\rfloor$的作用是将数值f沿负无穷大方向取整。

（2）调节策略：

如果$\left|q\left(\frac{s(t)}{\tau_2(t_i)}\right)\right|\leqslant H\varDelta_2+\varDelta_2, t>t_i$，则令$\tau_2(t_{i+1})=O\tau_2(t_i), i=0,1,2,\cdots$。式中，$0=t_0<t_1<\cdots<t_i<t_{i+1}<\cdots$；参数$O$满足$1/g<O<1$，其中，$g=(H+2)\varDelta_2$，并且$H$的值将会在下面的定理 7.2 中给出。

根据引理 2.6 及引理 7.3，给出下面的定理 7.2。定理 7.2 表明所设计的滑模变结构控制律式（7.14）将系统的状态轨迹拉到滑模面上并保持在滑模面上，也就是到达条件得以满足。

定理 7.2：针对闭环容错控制系统式（7.5）满足假设 7.1～假设 7.5。滑模面由式（7.9）给出，矩阵$\boldsymbol{P}>0$满足式（7.8），并且量化参数τ_1给定，量化参数τ_2动态地调节并满足式（7.19）。如果式（2.34）成立，式（7.14）和式（7.15）设计出的滑模变结构控制器和由式（7.24）给出的自适应律能保证在有执行器故障、量化现象、不匹配不确定性和外部扰动的情况下，滑模面$\varOmega$上的滑动模态式（7.10）仍能发生，即闭环系统渐近稳定。

证明：针对闭环容错控制系统式（7.5），选择如下李雅普诺夫函数：

$$V(\alpha,\tilde{\mu}_0,\tilde{\bar{u}}_{\mathrm{s}},\tilde{\sigma},\tilde{\bar{w}})=V_1(\alpha)+\sum_{i=1}^{m}\frac{\sigma_i\tilde{\bar{u}}_{si}^2}{2\gamma_{1i}}+\sum_{i=1}^{m}\frac{\tilde{\sigma}_i^2}{2\gamma_{2i}}+\sum_{k=1}^{q}\frac{\tilde{\bar{w}}_k^2}{2\gamma_{3k}}$$

式中，$V_1(\alpha)=\frac{1}{2}\alpha^{\mathrm{T}}(x)(\boldsymbol{B}_{2\mathrm{v}}^{\mathrm{T}}\boldsymbol{P}^{-1}\boldsymbol{B}_{2\mathrm{v}})^{-1}\alpha(x)$。

如果存在一个正定矩阵$\boldsymbol{P}$满足式（7.8），则滑模面由式（7.9）给出，并结合式（7.5）和式（7.6）可得

$$\dot{\alpha}(x)=\boldsymbol{S}(\boldsymbol{A}+\Delta\boldsymbol{A})x(t)+\boldsymbol{S}\boldsymbol{B}_2\boldsymbol{\rho}u(t)+\boldsymbol{S}\boldsymbol{B}_{2\mathrm{v}}\boldsymbol{N}\boldsymbol{\sigma}u_{\mathrm{s}}(t)+\boldsymbol{S}\boldsymbol{B}_{2\mathrm{v}}\boldsymbol{N}\boldsymbol{F}_1w(t)$$

沿闭环系统式（7.5）的轨迹对时间t的导数为

$$\begin{aligned}\dot{V}=&\alpha^{\mathrm{T}}\Big[(\boldsymbol{B}_{2\mathrm{v}}^{\mathrm{T}}\boldsymbol{P}^{-1}\boldsymbol{B}_{2\mathrm{v}})^{-1}\boldsymbol{S}(\boldsymbol{A}+\Delta\boldsymbol{A})x(t)\\&+(\boldsymbol{B}_{2\mathrm{v}}^{\mathrm{T}}\boldsymbol{P}^{-1}\boldsymbol{B}_{2\mathrm{v}})^{-1}\boldsymbol{S}\boldsymbol{B}_2\boldsymbol{\rho}u(t)+\boldsymbol{N}\boldsymbol{\sigma}u_{\mathrm{s}}(t)+\boldsymbol{N}\boldsymbol{F}_1w(t)\Big]\\&+\sum_{i=1}^{m}\frac{\sigma_i\tilde{\bar{u}}_{si}\dot{\tilde{\bar{u}}}_{si}}{\gamma_{1i}}+\sum_{i=1}^{m}\frac{\tilde{\sigma}_i\dot{\tilde{\sigma}}_{si}}{\gamma_{2i}}+\sum_{k=1}^{q}\frac{\tilde{\bar{w}}_k\dot{\tilde{\bar{w}}}_k}{\gamma_{3k}}\end{aligned}$$

下面的证明分为两个步骤。

第一步，量化参数τ_2是固定的并且满足式（7.19），此时证明系统状态将会

在控制律式（7.14）～式（7.15）的作用下进入带状区域$\mathbb{S}=\{x:|\boldsymbol{S}x|_1\leqslant\dfrac{\lambda_1+\sqrt{l}\lambda_2}{\mu\lambda_1-\kappa}|\boldsymbol{S}|_1\Delta_2\tau_2(1+\varepsilon_0)\}$，其中，$\varepsilon_0>0$是一个任意小的标量；第二步，证明系统的状态$x(t)$将会在量化参数$\tau_2$的动态调节下进入一个球域$\mathbb{S}_1=\{x(t)\,|\,|x(t)|_2\leqslant g\tau_2(t_0)\}$。

第一步：为了便于表述，记$S_0=(\boldsymbol{B}_{2v}^{\mathrm{T}}\boldsymbol{P}^{-1}\boldsymbol{B}_{2v})^{-1}\boldsymbol{S}$，并且考虑量化误差的影响，即$q_{\tau_1}(v)=u(t)=e_{\tau_1}+v(t)$，$q_{\tau_2}(x)=e_{\tau_2}+x(t)$，可以求得$V_1(t)$相对于时间$t$的导数为

$$\begin{aligned}\dot{V}_1=&\left[\boldsymbol{S}q_{\tau_2}(x)\right]^{\mathrm{T}}\left\{\boldsymbol{S}_0(\boldsymbol{A}+\Delta\boldsymbol{A})\left[q_{\tau_2}(x)-e_{\tau_2}\right]+\boldsymbol{S}_0\boldsymbol{B}_2\boldsymbol{\rho}\left[v(t)+e_{\tau_1}\right]\right.\\&\left.+\boldsymbol{S}_0\boldsymbol{B}_2\boldsymbol{\sigma}u_{\mathrm{s}}(t)+\boldsymbol{S}_0\boldsymbol{B}_2\boldsymbol{F}_1w(t)\right\}-(\boldsymbol{S}e_{\tau_2})^{\mathrm{T}}\left\{\boldsymbol{S}_0(\boldsymbol{A}+\Delta\boldsymbol{A})x(t)\right.\\&\left.+\boldsymbol{S}_0\boldsymbol{B}_2\boldsymbol{\rho}u(t)+\boldsymbol{S}_0\boldsymbol{B}_2\boldsymbol{\sigma}u_{\mathrm{s}}(t)+\boldsymbol{S}_0\boldsymbol{B}_2\boldsymbol{F}_1w(t)\right\}\end{aligned}$$

利用引理 2.2，即$|f^{\mathrm{T}}g|\leqslant|f|_1|g|_\infty$成立，由此

$$\begin{aligned}\dot{V}_1\leqslant&\left|\boldsymbol{S}q_{\tau_2}(x)\right|_1\left|\left\{\boldsymbol{S}_0(\boldsymbol{A}+\Delta\boldsymbol{A})\left[q_{\tau_2}(x)-e_{\tau_2}\right]+\boldsymbol{S}_0\boldsymbol{B}_2\boldsymbol{\rho}e_{\tau_1}\right\}\right|_\infty\\&+\left[\boldsymbol{S}q_{\tau_2}(x)\right]^{\mathrm{T}}\boldsymbol{S}_0\boldsymbol{B}_2\boldsymbol{\rho}v(t)+\left[\boldsymbol{S}q_{\tau_2}(x)\right]^{\mathrm{T}}\boldsymbol{S}_0\boldsymbol{B}_2\boldsymbol{\sigma}u_{\mathrm{s}}(t)\\&+\left[\boldsymbol{S}q_{\tau_2}(x)\right]^{\mathrm{T}}\boldsymbol{S}_0\boldsymbol{B}_2\boldsymbol{F}_1w(t)+(\boldsymbol{S}e_{\tau_2})^{\mathrm{T}}\left[\boldsymbol{S}_0\boldsymbol{B}_2\boldsymbol{\sigma}u_{\mathrm{s}}(t)+\boldsymbol{S}_0\boldsymbol{B}_2\boldsymbol{F}_1w(t)\right]\\&+\left|\boldsymbol{S}e_{\tau_2}\right|_1\left|\left\{\boldsymbol{S}_0(\boldsymbol{A}+\Delta\boldsymbol{A})\left[q_{\tau_2}(x)-e_{\tau_2}\right]+\boldsymbol{S}_0\boldsymbol{B}_2\boldsymbol{\rho}\left[e_{\tau_1}+v(t)\right]\right\}\right|_\infty\end{aligned}$$

根据范数不等式$|f\pm g|_\infty\leqslant|f|_\infty+|g|_\infty$和$|f^{\mathrm{T}}g|_\infty\leqslant|f|_\infty|g|_\infty$，上述不等式变为

$$\begin{aligned}V_1\leqslant&|\boldsymbol{S}q_{\tau_2}(x)|_1\left[|\boldsymbol{S}_0\boldsymbol{A}q_{\tau_2}(x)|_\infty+|\boldsymbol{S}_0\boldsymbol{A}e_{\tau_2}|_\infty+|\boldsymbol{S}_0\Delta\boldsymbol{A}q_{\tau_2}(x)|_\infty+|\boldsymbol{S}_0\Delta\boldsymbol{A}e_{\tau_2}|_\infty\right.\\&\left.+|\boldsymbol{S}_0\boldsymbol{B}_2\boldsymbol{\rho}e_{\tau_1}|_\infty\right]+\left[\boldsymbol{S}q_{\tau_2}(x)\right]^{\mathrm{T}}\boldsymbol{S}_0\boldsymbol{B}_2\boldsymbol{\rho}v(t)+\left[\boldsymbol{S}q_{\tau_2}(x)\right]^{\mathrm{T}}\boldsymbol{S}_0\boldsymbol{B}_2\boldsymbol{\sigma}u_{\mathrm{s}}(t)\\&+\left[\boldsymbol{S}q_{\tau_2}(x)\right]^{\mathrm{T}}\boldsymbol{S}_0\boldsymbol{B}_2\boldsymbol{F}_1w(t)+|\boldsymbol{S}e_{\tau_2}|_1\left[|\boldsymbol{S}_0\boldsymbol{A}q_{\tau_2}(x)|_\infty+|\boldsymbol{S}_0\boldsymbol{A}e_{\tau_2}|_\infty\right.\\&\left.+|\boldsymbol{S}_0\Delta\boldsymbol{A}q_{\tau_2}(x)|_\infty+|\boldsymbol{S}_0\Delta\boldsymbol{A}e_{\tau_2}|_\infty+|\boldsymbol{S}_0\boldsymbol{B}_2\boldsymbol{\rho}e_{\tau_1}|_\infty+|\boldsymbol{S}_0\boldsymbol{B}_2\boldsymbol{\rho}v(t)|_\infty\right]\\&+(\boldsymbol{S}e_{\tau_2})^{\mathrm{T}}\left[\boldsymbol{S}_0\boldsymbol{B}_2\boldsymbol{\sigma}u_{\mathrm{s}}(t)+\boldsymbol{S}_0\boldsymbol{B}_2\boldsymbol{F}_1w(t)\right]\end{aligned}$$

由式（7.6）可以得到$\boldsymbol{S}_0\boldsymbol{B}_2=\boldsymbol{N}$。如果假设 7.2 成立，则可得不等式

$$\begin{aligned}\left[\boldsymbol{S}q_{\tau_2}(x)\right]^{\mathrm{T}}\boldsymbol{N}\boldsymbol{\sigma}u_{\mathrm{s}}(t)&=\sum_{i=1}^{m}\left[\boldsymbol{S}q_{\tau_2}(x)\right]^{\mathrm{T}}N_i\sigma_iu_{\mathrm{s}i}(t)\\&\leqslant\sum_{i=1}^{m}|\boldsymbol{S}q_{\tau_2}(x)|_1|N_i|_1\,\sigma_i\overline{u}_{\mathrm{s}i}(t)\end{aligned}\tag{7.26}$$

$$\begin{aligned}\left[\boldsymbol{S}q_{\tau_2}(x)\right]^{\mathrm{T}}\boldsymbol{N}\boldsymbol{F}_1w(t)&=\sum_{k=1}^{q}\left[(\boldsymbol{S}q_{\tau_2}(x)\right]^{\mathrm{T}}\boldsymbol{N}F_{1k}w_k(t)\\&\leqslant\sum_{k=1}^{q}|\boldsymbol{S}q_{\tau_2}(x)|_1|\boldsymbol{N}F_{1k}|_1\,\overline{w}_k\end{aligned}\tag{7.27}$$

由式（7.25）、式（7.26）和引理 7.3 可以得到

$$\begin{aligned}\dot{V}_1 < &\left(1+\frac{\mu\lambda_1-\kappa}{\sqrt{l}\lambda_2}\right)\Big[|\boldsymbol{S}_0\boldsymbol{A}q_{\tau_2}(x)|_\infty+|\boldsymbol{S}_0\boldsymbol{A}e_{\tau_2}|_\infty\\&+|\boldsymbol{S}_0\Delta\boldsymbol{A}q_{\tau_2}(x)|_\infty+|\boldsymbol{S}_0\Delta\boldsymbol{A}e_{\tau_2}|_\infty+|\boldsymbol{N\rho}e_{\tau_1}|_\infty\Big]|\boldsymbol{S}q_{\tau_2}(x)|_1\\&+\left[\boldsymbol{S}q_{\tau_2}(x)\right]^{\mathrm{T}}\boldsymbol{N\rho}v(t)+\frac{\mu\lambda_1-\kappa}{\sqrt{l}\lambda_2}|\boldsymbol{N\rho}v(t)|_\infty|\boldsymbol{S}q_{\tau_2}(x)|_1\\&+\left(1+\frac{\mu\lambda_1-\kappa}{\sqrt{l}\lambda_2}\right)\sum_{i=1}^{m}|\boldsymbol{S}q_{\tau_2}(x)|_1|N_i|_1\,\sigma_i\bar{u}_{si}(t)\\&+\left(1+\frac{\mu\lambda_1-\kappa}{\sqrt{l}\lambda_2}\right)\sum_{k=1}^{q}|\boldsymbol{S}q_{\tau_2}(x)|_1|\boldsymbol{N}F_{1k}|_1\,\bar{w}_k\end{aligned}\tag{7.28}$$

将滑模变结构控制律式（7.14）代入式（7.28）可以得到

$$\left[\boldsymbol{S}q_{\tau_2}(x)\right]^{\mathrm{T}}\boldsymbol{N\rho}v(t)=-\left[\boldsymbol{S}q_{\tau_2}(x)\right]^{\mathrm{T}}\boldsymbol{N\rho N}^{\mathrm{T}}\eta\operatorname{sgn}\left[\boldsymbol{S}q_{\tau_2}(x)\right]$$

此外，由引理 2.6 和引理 7.1 可以得到

$$\left[\boldsymbol{S}q_{\tau_2}(x)\right]^{\mathrm{T}}\boldsymbol{N\rho}v(t)\leqslant-\mu\lambda_1\eta|\boldsymbol{S}q_{\tau_2}(x)|_1\tag{7.29}$$

参见引理 2.6 的证明可知，$\boldsymbol{NN}^{\mathrm{T}}$ 和 $\boldsymbol{N\rho N}^{\mathrm{T}}$ 都是正定矩阵。又由于 $\boldsymbol{\rho}\leqslant\boldsymbol{I}$，可以得到

$$\begin{aligned}|\boldsymbol{N\rho}v(t)|_\infty&=\left|\boldsymbol{N\rho N}^{\mathrm{T}}\eta\operatorname{sgn}\left[\boldsymbol{S}q_{\tau_2}(x)\right]\right|_\infty\\&\leqslant\eta|\boldsymbol{N\rho N}^{\mathrm{T}}|_\infty\\&\leqslant\eta|\boldsymbol{NN}^{\mathrm{T}}|_\infty\end{aligned}$$

根据矩阵 2-范数和无穷-范数的关系，即 $|\boldsymbol{NN}^{\mathrm{T}}|_\infty\leqslant\sqrt{l}|\boldsymbol{NN}^{\mathrm{T}}|_2$，上述不等式变为

$$|\boldsymbol{N\rho}v(t)|_\infty\leqslant\eta\sqrt{l}|\boldsymbol{NN}^{\mathrm{T}}|_2=\eta\sqrt{l}\lambda_2\tag{7.30}$$

式中，λ_2 在引理 7.3 中给出。

将式（7.29）和式（7.30）代入式（7.28）中可以得到

$$\begin{aligned}\dot{V}_1<&\left(1+\frac{\mu\lambda_1-\kappa}{\sqrt{l}\lambda_2}\right)\Big[|\boldsymbol{S}_0\boldsymbol{A}q_{\tau_2}(x)|_\infty+|\boldsymbol{S}_0\boldsymbol{A}e_{\tau_2}|_\infty+|\boldsymbol{S}_0\Delta\boldsymbol{A}q_{\tau_2}(x)|_\infty+|\boldsymbol{S}_0\Delta\boldsymbol{A}e_{\tau_2}|_\infty\\&+|\boldsymbol{N\rho}e_{\tau_1}|_\infty\Big]|\boldsymbol{S}q_{\tau_2}(x)|_1-\kappa\eta|\boldsymbol{S}q_{\tau_2}(x)|_1+\left(1+\frac{\mu\lambda_1-\kappa}{\sqrt{l}\lambda_2}\right)\sum_{i=1}^{m}|\boldsymbol{S}q_{\tau_2}(x)|_1|N_i|_1\,\sigma_i\bar{u}_{si}(t)\\&+\left(1+\frac{\mu\lambda_1-\kappa}{\sqrt{l}\lambda_2}\right)\sum_{k=1}^{q}|\boldsymbol{S}q_{\tau_2}(x)|_1|\boldsymbol{N}F_{1k}|_1\,\bar{w}_k\end{aligned}$$

由假设 7.1 和量化误差的定义式（7.3）可以得到

$$\dot{V}_1 < \left(1+\frac{\mu\lambda_1-\kappa}{\sqrt{l}\lambda_2}\right)\Big[|\boldsymbol{S}_0\boldsymbol{A}q_{\tau_2}(x)|_\infty + |\boldsymbol{S}_0\boldsymbol{A}|_\infty \Delta_2\tau_2 + |\boldsymbol{S}_0\boldsymbol{D}|_\infty|\boldsymbol{E}q_{\tau_2}(x)|_\infty$$
$$+|\boldsymbol{S}_0\boldsymbol{D}|_\infty|\boldsymbol{E}|_\infty \Delta_2\tau_2 + |\boldsymbol{N}|_\infty \Delta_1\tau_1\Big]|\boldsymbol{S}q_{\tau_2}(x)|_1 - \kappa\eta|\boldsymbol{S}q_{\tau_2}(x)|_1$$
$$+\left(1+\frac{\mu\lambda_1-\kappa}{\sqrt{l}\lambda_2}\right)\sum_{i=1}^{m}|\boldsymbol{S}q_{\tau_2}(x)|_1|N_i|_1\,\sigma_i\bar{u}_{si}(t)$$
$$+\left(1+\frac{\mu\lambda_1-\kappa}{\sqrt{l}\lambda_2}\right)\sum_{k=1}^{q}|\boldsymbol{S}q_{\tau_2}(x)|_1|\boldsymbol{N}F_{1k}|_1\,\bar{w}_k \tag{7.31}$$

将自适应估计误差式（7.25）代入式（7.31）中，可以得到下面的不等式：

$$\dot{V}_1 < \left(1+\frac{\mu\lambda_1-\kappa}{\sqrt{l}\lambda_2}\right)\Big[|\boldsymbol{S}_0\boldsymbol{A}q_{\tau_2}(x)|_\infty + |\boldsymbol{S}_0\boldsymbol{A}|_\infty \Delta_2\tau_2 + |\boldsymbol{S}_0\boldsymbol{D}|_\infty|\boldsymbol{E}q_{\tau_2}(x)|_\infty$$
$$+|\boldsymbol{S}_0\boldsymbol{D}|_\infty|\boldsymbol{E}|_\infty \Delta_2\tau_2 + |\boldsymbol{N}|_\infty \Delta_1\tau_1\Big]|\boldsymbol{S}q_{\tau_2}(x)|_1 - \kappa\eta|\boldsymbol{S}q_{\tau_2}(x)|_1$$
$$+\left(1+\frac{\mu\lambda_1-\kappa}{\sqrt{l}\lambda_2}\right)\sum_{i=1}^{m}|\boldsymbol{S}q_{\tau_2}(x)|_1|N_i|_1\,(\hat{\sigma}_i-\tilde{\sigma}_i)\hat{\bar{u}}_{si}(t)$$
$$+\left(1+\frac{\mu\lambda_1-\kappa}{\sqrt{l}\lambda_2}\right)\sum_{k=1}^{q}|\boldsymbol{S}q_{\tau_2}(x)|_1|\boldsymbol{N}F_{1k}|_1\,(\hat{\bar{w}}_k-\tilde{\bar{w}}_k)$$
$$-\left(1+\frac{\mu\lambda_1-\kappa}{\sqrt{l}\lambda_2}\right)\sum_{i=1}^{m}|\boldsymbol{S}q_{\tau_2}(x)|_1|N_i|_1\,\sigma_i\tilde{\bar{u}}_{si}(t) \tag{7.32}$$

将式（7.15）中的η代入式（7.32），$\dot{V}_1(t)$变为

$$\dot{V}_1 < -\varepsilon|\boldsymbol{S}q_{\tau_2}(x)|_1 - \left(1+\frac{\mu\lambda_1-\kappa}{\sqrt{l}\lambda_2}\right)\sum_{i=1}^{m}|\boldsymbol{S}q_{\tau_2}(x)|_1|N_i|_1\,\sigma_i\tilde{\bar{u}}_{si}(t)$$
$$-\left(1+\frac{\mu\lambda_1-\kappa}{\sqrt{l}\lambda_2}\right)\sum_{i=1}^{m}|\boldsymbol{S}q_{\tau_2}(x)|_1|N_i|_1\,\tilde{\sigma}_i\hat{\bar{u}}_{si}(t)$$
$$-\left(1+\frac{\mu\lambda_1-\kappa}{\sqrt{l}\lambda_2}\right)\sum_{k=1}^{q}|\boldsymbol{S}q_{\tau_2}(x)|_1|\boldsymbol{N}F_{1k}|_1\,\tilde{\bar{w}}_k$$

并选择自适应律式（7.24），可以得到下面的不等式

$$\dot{V} < -\varepsilon|\boldsymbol{S}q_{\tau_2}(x)|_1 \tag{7.33}$$

对于任意的$f\in R, g\in R$，借助于基本不等式$|f+g|_1 \leqslant |f|_1+|g|_1$，并结合式（7.20），可以得到

$$|\boldsymbol{S}x|_1 = |\boldsymbol{S}q_{\tau_2}(x)-\boldsymbol{S}e_{\tau_2}|_1 \leqslant |\boldsymbol{S}q_{\tau_2}(x)|_1 + |\boldsymbol{S}e_{\tau_2}|_1 \leqslant \left(1+\frac{\mu\lambda_1-\kappa}{\sqrt{l}\lambda_2}\right)|\boldsymbol{S}q_{\tau_2}(x)|_1$$

进一步可以得出

$$|\boldsymbol{S}q_{\tau_2}(x)|_1 \leqslant \frac{\sqrt{l}\lambda_2}{\sqrt{l}\lambda_2 + \mu\lambda_1 - \kappa}|\boldsymbol{S}x|_1$$

由于对于所有的 $f \in R, g \in R$，$|f|_1 \geqslant |g|_1$ 都有式 $|\boldsymbol{S}x|_1 \geqslant |\boldsymbol{S}x|_2 = |\alpha(x)|_2$ 成立，可以得出

$$\dot{V} < -\frac{\sqrt{l}\lambda_2\varepsilon}{\sqrt{l}\lambda_2 + \mu\lambda_1 - \kappa}|\boldsymbol{S}x|_1 \leqslant -\frac{\sqrt{l}\lambda_2\varepsilon}{\sqrt{l}\lambda_2 + \mu\lambda_1 - \kappa}|\alpha(x)|_2 < 0 \tag{7.34}$$

这意味着 $V(\alpha,\tilde{\bar{u}}_{\mathrm{s}},\tilde{\bar{w}})$ 是一个非增的函数。因此有

$$V(\alpha,\tilde{\bar{u}}_{\mathrm{s}},\tilde{\bar{w}}) < V\left[\alpha(0),\tilde{\bar{u}}_{\mathrm{s}}(0),\tilde{\bar{w}}(0)\right] \overset{\mathrm{def}}{=} V_0$$

基于此，可以得知 $V(\alpha,\tilde{\bar{u}}_{\mathrm{s}},\tilde{\bar{w}}) \in L_\infty$。此外，随着时间 $t \to \infty$，V 存在极限，即 $\lim_{t\to\infty} V(\alpha,\tilde{\bar{u}}_{\mathrm{s}},\tilde{\bar{w}}) = V_\infty$。如果定义 $\varpi = \frac{\sqrt{l}\lambda_2\varepsilon}{\sqrt{l}\lambda_2 + \mu\lambda_1 - \kappa}|\alpha(x)|_2$，并将式（7.34）左右两侧从 0 到 t 积分，可以得到

$$V(t) - V_0 \leqslant -\int_0^t \varpi \mathrm{d}t \tag{7.35}$$

随着 $t \to \infty$，对式（7.35）左右两侧同时取极限，可以看出

$$\lim_{t\to\infty}\int_0^t \varpi \mathrm{d}t \leqslant V_0 - V_\infty < \infty \tag{7.36}$$

因此，$\alpha \in L_2 \cap L_\infty$ 是一个一致连续的函数，对式（7.36）使用引理 2.1，同时注意式（7.19）的限制，可知对于某一时刻，闭环系统的状态必然在有限时间内进入带状区域 $\mathcal{S} = \left\{x : |\boldsymbol{S}x|_1 \leqslant \frac{\lambda_1 + \sqrt{l}\lambda_2}{\mu\lambda_1 - \kappa}|\boldsymbol{S}|_1 \varDelta_2\tau_2(1+\varepsilon_0)\right\}$。

第二步：接下来，将会证明系统的状态在带状区域 D 会在量化参数 $\tau_2(t)$ 的动态调节下进入球域 $\mathcal{S}_1 = \{x(t) \mid |x(t)|_2 \leqslant g\tau_2(t_0)\}$ 从而最终渐近趋于原点。

一旦系统状态进入带状区域 $\mathcal{S} = \left\{x : |\boldsymbol{S}x|_1 \leqslant \frac{\lambda_1 + \sqrt{l}\lambda_2}{\mu\lambda_1 - \kappa}|\boldsymbol{S}|_1 \varDelta_2\tau_2(1+\varepsilon_0)\right\}$，可以得知

$$\alpha(x) = \boldsymbol{S}x(t) = \psi(t) \tag{7.37}$$

式中，$|\psi(t)| \leqslant \frac{\lambda_1 + \sqrt{l}\lambda_2}{\mu\lambda_1 - \kappa}|\boldsymbol{S}|\varDelta_2\tau_2(t_0)(1+\varepsilon_0)$。

结合闭环系统式（7.12）和式（7.37）可以得到

$$\dot{z}_1(t) = \boldsymbol{A}_{11}z_1 + \boldsymbol{A}_{12}\psi(t)$$

式中，$\boldsymbol{A}_{11}$ 和 $\boldsymbol{A}_{12}$ 由式（7.12）给出。

选李雅普诺夫函数为$V_0(t)=z_1^{\mathrm{T}}(t)\boldsymbol{P}_1z_1(t)$，沿着降阶系统的轨迹对其求导，得

$$\dot{V}_0(t)=z_1^{\mathrm{T}}(\boldsymbol{A}_{11}^{\mathrm{T}}\boldsymbol{P}_1+\boldsymbol{P}_1\boldsymbol{A}_{11})z_1+2z_1^{\mathrm{T}}\boldsymbol{P}_1\boldsymbol{A}_{12}\psi(t) \tag{7.38}$$

由定理 7.1 的证明，令$\boldsymbol{P}_1=\tilde{\boldsymbol{B}}_{2\mathrm{v}}^{\mathrm{T}}\boldsymbol{P}\tilde{\boldsymbol{B}}_{2\mathrm{v}}$，可以得到

$$z_1^{\mathrm{T}}(\boldsymbol{A}_{11}^{\mathrm{T}}\boldsymbol{P}_1+\boldsymbol{P}_1\boldsymbol{A}_{11})z_1\leqslant -z_1^{\mathrm{T}}\boldsymbol{Q}z_1$$

由此，式（7.38）变为

$$\dot{V}_0(t)\leqslant -\lambda_{\min}(\boldsymbol{Q})\,|\,z_1\,|_2^2+2\,|\,z_1\,|_2|\,\boldsymbol{P}_1\boldsymbol{A}_{12}\,|_2\,\psi(t) \tag{7.39}$$

式中，$\lambda_{\min}(\boldsymbol{Q})$表示矩阵$\boldsymbol{Q}$的最小特征值。

经过一段时间，当$t\geqslant t'>t_0$时，$z_1(t)$会进入下面的区域：

$$\mathbb{S}_0=\left\{z_1(t)\middle|\,|\,z_1(t)\,|_2\leqslant\frac{2}{\lambda_{\min}(\boldsymbol{Q})}\,|\,\boldsymbol{P}_1\boldsymbol{A}_{12}\,|_2|\,\psi(t)\,|_2\,(1+\varepsilon_1)\right\}$$

式中，$\varepsilon_1>0$是一任意给定的小标量。

根据$|\psi(t)|\leqslant\dfrac{\lambda_1+\sqrt{l}\lambda_2}{\mu\lambda_1-\kappa}|\boldsymbol{S}|\varDelta_2\tau_2(t_0)(1+\varepsilon_0)$可以得到

$$|\,\alpha\,|_2\leqslant\frac{\lambda_1+\sqrt{l}\lambda_2}{\mu\lambda_1-\kappa}\,|\,\boldsymbol{S}\,|_1\,\varDelta_2\tau_2(t_0)(1+\varepsilon_0)$$

因此，不难得出

$$\begin{aligned}
|\,z(t)\,|_2&=\left[z_1^{\mathrm{T}}(t)z_1(t)+\alpha^{\mathrm{T}}\alpha\right]^{\frac{1}{2}}\leqslant|\,z_1\,|_2+|\,\alpha\,|_2\\
&=\frac{2}{\lambda_{\min}(\boldsymbol{Q})}\,|\,\boldsymbol{P}_1\boldsymbol{A}_{12}\,|_2\,\frac{\lambda_1+\sqrt{l}\lambda_2}{\mu\lambda_1-\kappa}\,|\,\boldsymbol{S}\,|_1\,\varDelta_2\tau_2(t_0)(1+\varepsilon_0)(1+\varepsilon_1)\\
&\quad+\frac{\lambda_1+\sqrt{l}\lambda_2}{\mu\lambda_1-\kappa}\,|\,\boldsymbol{S}\,|_1\,\varDelta_2\tau_2(t_0)(1+\varepsilon_0)\\
&\leqslant\frac{\lambda_1+\sqrt{l}\lambda_2}{\mu\lambda_1-\kappa}\,|\,\boldsymbol{S}\,|_1\,\varDelta_2\tau_2(t_0)(1+\varepsilon_0)\left[\frac{2}{\lambda_{\min}(\boldsymbol{Q})}\,|\,\boldsymbol{P}_1\boldsymbol{A}_{12}\,|_2\,(1+\varepsilon_1)+1\right]
\end{aligned}$$

定义$H=\dfrac{\lambda_1+\sqrt{l}\lambda_2}{\mu\lambda_1-\kappa}\,|\,\boldsymbol{S}\,|_1\,(1+\varepsilon_0)\left[\dfrac{2}{\lambda_{\min}(\boldsymbol{Q})}\,|\,\boldsymbol{P}_1\boldsymbol{A}_{12}\,|_2\,(1+\varepsilon_1)+1\right]$，可得

$$|\,z(t')\,|_2\leqslant H\varDelta_2\tau_2(t_0),\quad t\geqslant t'>t_0$$

因此有

$$\left|q_{\tau_2(t_0)}\left[x(t)\right]\right|_2\leqslant\left|x(t)\right|_2+\left|e_{\tau_2(t_0)}(t)\right|_2\leqslant H\varDelta_2\tau_2(t_0)+\varDelta_2\tau_2(t_0),\quad t>t'>t_0$$

这意味着

$$\left|q\left[\frac{x(t)}{\tau_2(t_0)}\right]\right|_2\leqslant H\varDelta_2+\varDelta_2,\quad t\geqslant t'>t_0$$

由于$q\left[\dfrac{x(t)}{\tau_2(t_0)}\right]$能够在信号通道两侧获得，所以

$$|x(t)|_2 \leqslant H\varDelta_2\tau_2(t_0)+2\varDelta_2\tau_2(t_0),\quad t \geqslant t' > t_0$$

记$g=(H+2)\varDelta_2$，可以得到

$$|x(t)|_2 \leqslant g\tau_2(t_0),\quad t \geqslant t' > t_0$$

此时开始运行量化参数$\tau_2(t_0)$的调节策略，令$\tau_2(t_1)=O\tau_2(t_0)$，其中，$0=t_0<t_1$；O是一个给定的参数，满足$\dfrac{1}{g}<O<1$。这样系统的状态轨迹能在有限时间内到达边界区域$\mathbb{S}=\left\{x:|\boldsymbol{S}x|_1 \leqslant \dfrac{\lambda_1+\sqrt{l}\lambda_2}{\mu\lambda_1-\kappa}|\boldsymbol{S}|_1\varDelta_2\tau_2(t_1)(1+\varepsilon_0)\right\}$。

反复上述操作，直到随着$\tau_2 \to 0$，$|\boldsymbol{S}x|_1 \to 0$为止。

证毕。

引理 7.3 给出了容错控制系统中$|\boldsymbol{S}e_{\tau_2}|_1$、$|\boldsymbol{S}|_1\varDelta_2\tau_2$和$|\boldsymbol{S}q_{\tau_2}(x)|_1$之间的关系。当系统的状态轨迹$x(t)$在滑模面上时，即$\boldsymbol{S}x(t)=0$，可以得出$|\boldsymbol{S}e_{\tau_2}|_1=|\boldsymbol{S}q_{\tau_2}(x)|_1$。然而，当系统的状态轨迹在滑模面外时，这种关系就变得不确定。为了设计趋近律，本章通过调节量化参数τ_2，使之满足式（7.19），并找出关系式（7.20）。

7.4 仿真算例

本章中考虑文献[223]和文献[224]给出的火箭整流罩模型，加入外部扰动和不匹配不确定性。为了更好地体现所提方法的有效性，将本章的结果与文献[225]～文献[227]中结果进行对比。系统参数如下：

$$\boldsymbol{A}=\begin{bmatrix} 0 & 1 & 0.0802 & 1.0415 \\ -0.1980 & -0.115 & -0.0318 & 0.3 \\ -3.0500 & 1.1880 & -0.4650 & 0.9 \\ 0 & 0.0805 & 1 & 0 \end{bmatrix}$$

$$\boldsymbol{B}_2=\begin{bmatrix} 1 & 1.55 & 0.75 \\ 0.975 & 0.8 & 0.85 \\ 0 & 0 & 0 \\ 0 & 0 & 0 \end{bmatrix}$$

$$F_1 = \begin{bmatrix} 1.5 & 1 \\ -2 & -1 \\ -1 & 0.5 \end{bmatrix}$$

以及 $D = \begin{bmatrix} 1 & 0 & 0 & 0 \end{bmatrix}^{\mathrm{T}}$，$E = \begin{bmatrix} 0 & 1 & 0 & 0 \end{bmatrix}$，$F(t) = \sin(t)$。

为了说明所提方法的有效性，在仿真中采用初始值 $x_1(0) = -0.5$，$x_2(0) = 0$，$x_3(0) = 1$，$x_4(0) = -1$，$\hat{\bar{w}}_1(0) = 1$，$\hat{\bar{w}}_2(0) = -1$，$\hat{\bar{u}}_{s1}(0) = \hat{\bar{u}}_{s2}(0) = \hat{\bar{u}}_{s3}(0) = 0.5$，$\hat{\sigma}_1(0) = \hat{\sigma}_2(0) = \hat{\sigma}_3(0) = 0$，$\gamma_{11} = \gamma_{12} = \gamma_{13} = 0.1$，$\gamma_{21} = \gamma_{22} = \gamma_{23} = 0.1$，$\gamma_{31} = \gamma_{32} = 0.1$，$\tau_1 = 0.02$，$\varDelta_1 = 0.8660$，$\varDelta_2 = 1$。考虑的外部扰动 $w(t)$ 为 $w(t) = \begin{bmatrix} \sin(2t) & -1 \end{bmatrix}^{\mathrm{T}}$，$20 < t < 25$。

在仿真中可以得到参数 $g = 900.3764$，$O = 0.5011$。为了减小抖振现象，$\mathrm{sgn}(\alpha)$ 由连续函数 $\dfrac{\alpha}{\|\alpha\| + 0.001}$ 近似。在仿真中考虑如下故障情况，在 $t = 15\mathrm{s}$ 之前，系统在正常模式下运行，当 $t = 15\mathrm{s}$ 时发生如下故障：第一个执行器卡死在 $u_{s1}(t) = \sin(t)$ 值上，第二个执行器失效直至失效 90%。使用本章的方法所得到的仿真结果如图 7.2～图 7.6 所示。状态响应曲线和滑模面响应曲线分别如图 7.2～图 7.3 所示。图 7.2（a）及图 7.3（a）的曲线都是渐近稳定的，而图 7.2（b）

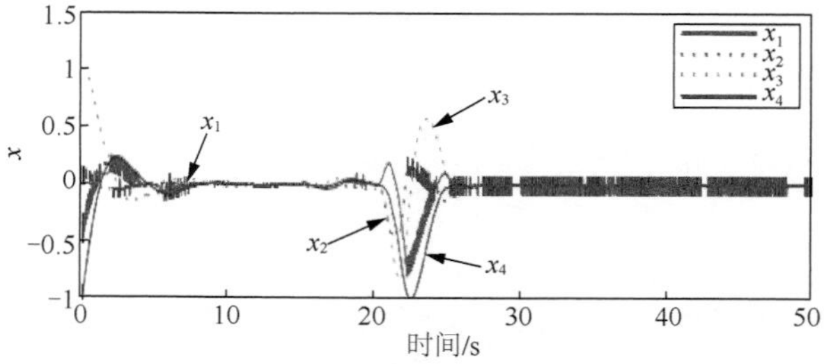

（a）本章方法得到的状态响应曲线

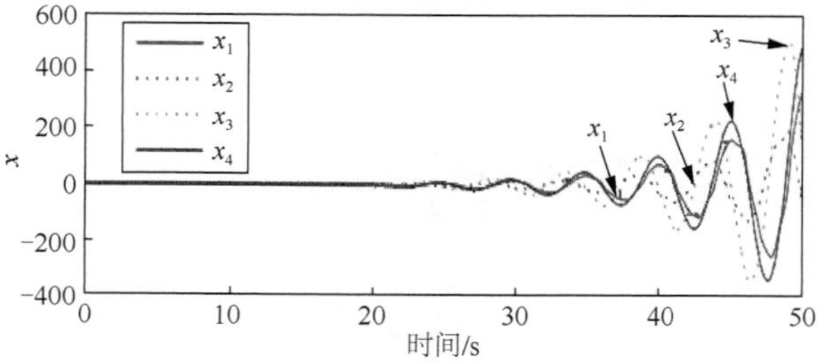

（b）文献[225]～文献[227]方法得到的状态响应曲线

图 7.2　本章方法与文献[225]～文献[227]方法状态响应曲线对比图

和图 7.3（b）的曲线是发散的。图 7.4（a）与图 7.5（a）为本章方法得到的估计值σ，$\overline{u}_s$和$\overline{w}$的响应曲线。显然，所有信号都是收敛的。而图 7.4（b）与图 7.5（b）是用文献[225]～文献[227]的方法绘制的曲线，都有发散的趋势。图 7.6 是动态量化参数的响应曲线图。使用本章提出的方法得到的曲线最终趋于零，而使用文献[225]～文献[227]的方法得到的曲线最终趋于一个常数。所有的仿真结果说明本章所提方法的有效性。

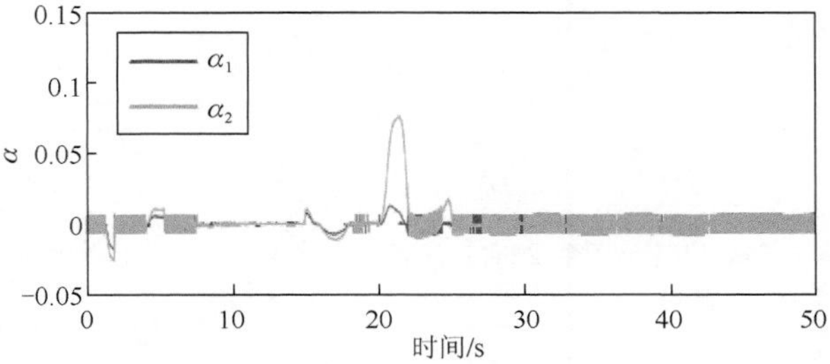

（a）本章方法得到的滑模函数仿真曲线图

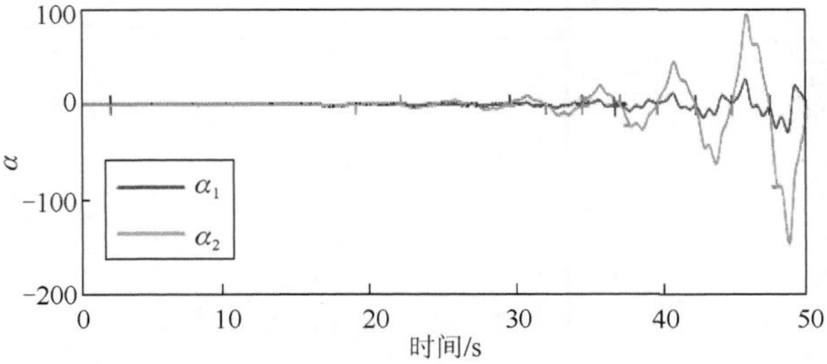

（b）文献［225]～文献[227］方法得到的滑模函数仿真曲线图

图 7.3　本章方法与文献[225]～文献[227]方法得到的滑模函数仿真曲线对比图

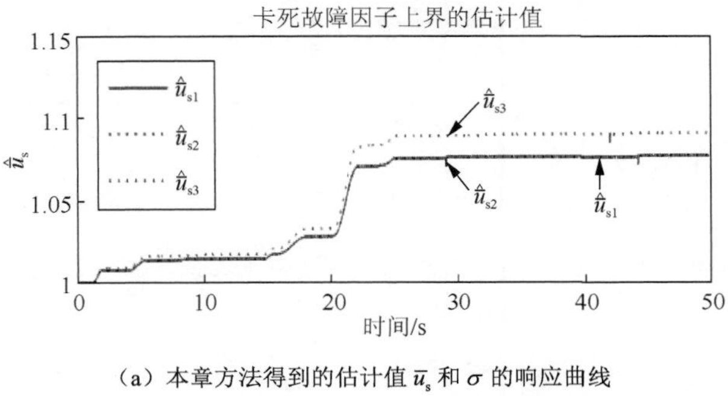

（a）本章方法得到的估计值$\overline{u}_s$和σ的响应曲线

图 7.4　本章方法与文献[225]～文献[227]方法得到的估计值$\overline{u}_s$和σ的响应曲线对比图

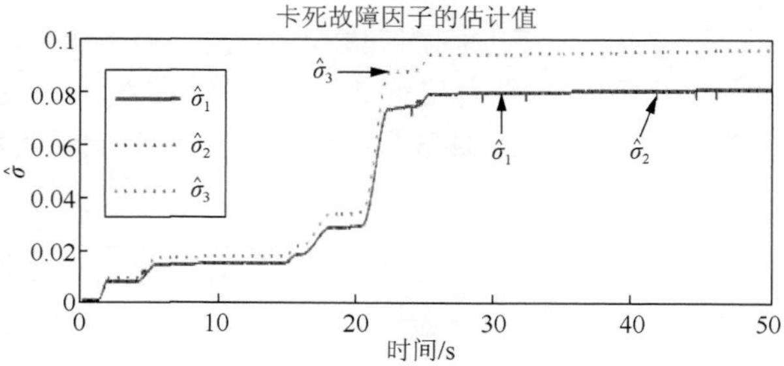

（b）文献[225]～文献[227]方法得到的估计值 $\bar{u}_s$ 和 σ 的响应曲线

图 7.4　本章方法与文献[225]～文献[227]方法得到的估计值 $\bar{u}_s$ 和 σ 的响应曲线对比图（续）

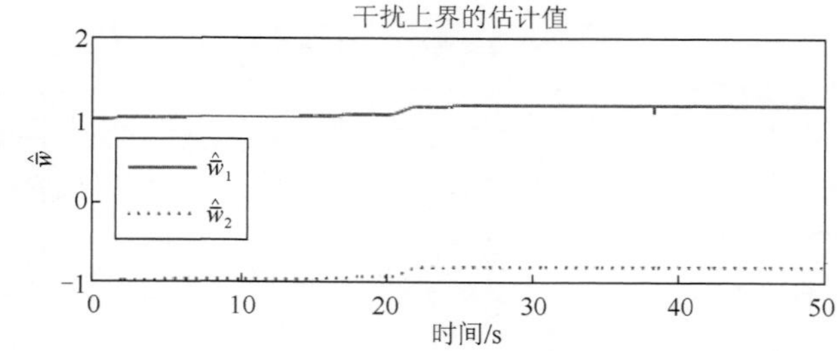

（a）本章方法得到的估计值 $\bar{w}$ 的响应曲线

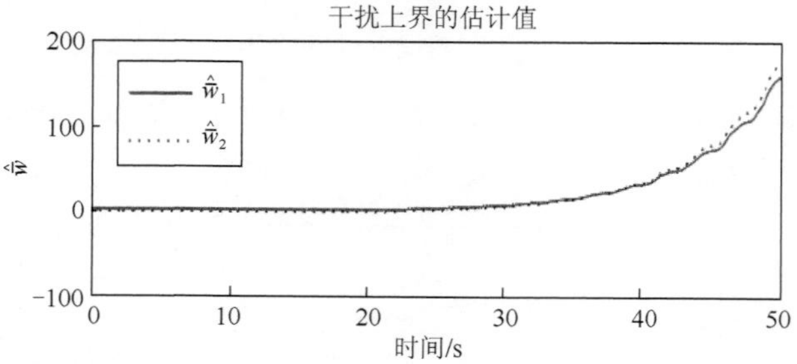

（b）文献[225]～文献[227]方法得到的估计值 $\bar{w}$ 的响应曲线

图 7.5　本章方法与文献[225]～文献[227]方法得到的估计值 $\bar{w}$ 的响应曲线对比图

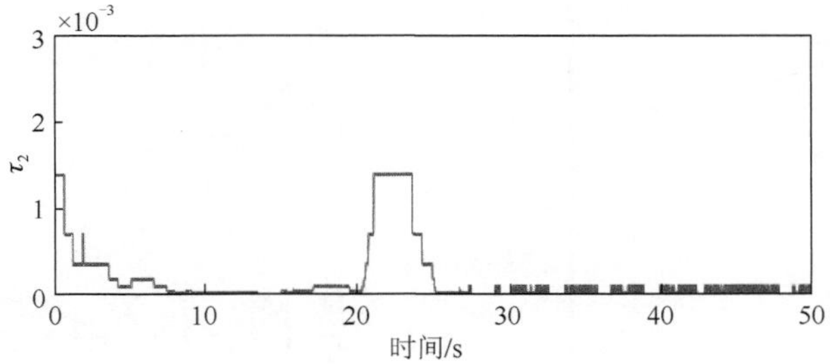

（a）本章方法得到的量化参数响应曲线

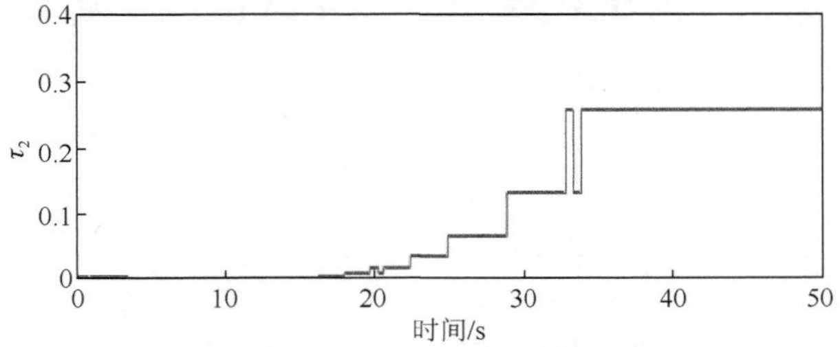

（b）文献[225]～文献[227]方法得到的量化参数响应曲线

图 7.6　本章方法与文献[225]～文献[227]方法得到的量化参数响应曲线对比图

7.5　本章小结

针对输入信号和状态信号带有量化现象的一类线性不确定系统，本章研究了一种新的基于滑模技术的容错控制方法。用矩阵分解技术来构造一个新的滑模面，并基于这种技术，给出了滑模面稳定的充分条件。此外，通过选择设计参数，本章给出了容错控制系统中量化参数的调节范围，在这个范围内保证滑模面的到达条件。进一步，根据滑模理论，本章设计出了滑模变结构控制律，其非线性增益矢量通过自适应机制产生的信号在线更新。此种设计保证了考虑量化现象时闭环容错控制系统在不依赖故障检测模块的情况下依然能渐近稳定。最后，仿真结果证明了所提方法的优越性。

8 线性不确定系统的滑模量化输出反馈容错控制

8.1 引言

第 7 章研究了带有量化现象的线性系统的滑模容错控制问题，其依赖于状态信息可测的条件。然而，在实际的工程设计过程中，系统状态在大部分情况下是不可测量的。因此，根据测量输出信息构造滑模容错控制器更具有实际意义。

本章在第 7 章结果的基础上，将结果推广到动态输出反馈的结果中。首先在带有灵活参数调节的矩阵的满秩分解技术的基础上，给出由输出信息和补偿器状态构造的滑模面上滑动模态稳定的一个充分条件，与已有的结果相比，不再需要输出个数大于输入个数的假设条件。在充分考虑故障信息的情况下，给出量化器的量化范围并提出量化调节策略，与已有结果相比，降低了设计的保守性。根据滑模变结构控制理论，所设计的滑模容错控制器可以保证闭环系统的渐近稳定性并具有 H_∞ 性能指标。仿真结果验证本章提出方法的优越性。

8.2 问题描述

针对如下线性时不变系统：

$$\begin{cases} \dot{x}(t) = \left[\boldsymbol{A} + \Delta\boldsymbol{A}(t)\right]x(t) + \boldsymbol{B}_2 u(t) + \boldsymbol{B}_1 w(t) \\ z(t) = \boldsymbol{C}_1 x(t) \\ y(t) = \boldsymbol{C}x(t) \end{cases} \tag{8.1}$$

式中，$x(t) \in R^n$ 为状态变量；$u(t) \in R^m$ 为控制输入；$w(t) \in R^q$ 为属于 $L_2[0,\infty)$ 的外

部扰动；$z(t)\in R^{p_1}$ 为被调输出；$y(t)\in R^p$ 为测量输出；$\Delta\boldsymbol{A}(t)$ 代表时不变参数不确定性；$\boldsymbol{A}$、$\boldsymbol{B}_1$、$\boldsymbol{B}_2$、$\boldsymbol{C}_1$ 和 $\boldsymbol{C}$ 是已知的具有恰当维数的矩阵且 $\boldsymbol{C}$ 是行满秩的。本章假设测量输出信号和补偿器状态信号在传输到控制器一侧前被量化。本章所考虑的控制系统结构图如图 8.1 所示。

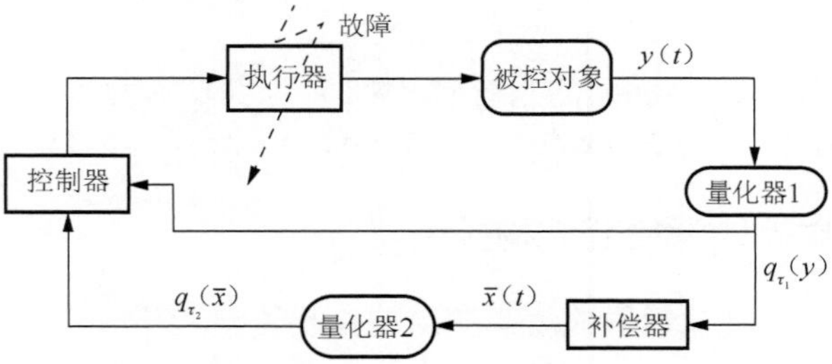

图 8.1　带有量化的容错控制系统结构图

8.2.1　量化器模型

在本章的控制器设计中，采用如下形式的量化器：

$$q_\tau(g):=\tau q\left(\frac{g}{\tau}\right):=\tau\mathrm{round}\left(\frac{g}{\tau}\right),\quad \tau>0$$

式中，$g\in R^p$ 是要量化的变量；τ 表示量化水平（量化灵敏度）；$q_\tau(\cdot)$ 为带有量化水平 τ 的均匀量化器；$\mathrm{round}\left(\dfrac{g}{\tau}\right)$ 为将 $\dfrac{g}{\tau}$ 取最近整数的函数。

记量化误差为 $e_\tau=q_\tau(g)-g$。由图 8.1 可以看出，本章同时考虑了测量输出的量化信号 $q_{\tau_1}(y)$ 和补偿器状态的量化信号 $q_{\tau_2}(\bar{x})$。量化误差分别为

$$\begin{cases}|e_{\tau_1}|=|q_{\tau_1}(y)-y|\leqslant \varDelta_1\tau_1\\ |e_{\tau_2}|=|q_{\tau_2}(\bar{x})-\bar{x}|\leqslant \varDelta_2\tau_2\end{cases}\tag{8.2}$$

式中，$\varDelta_1=\dfrac{\sqrt{p}}{2}$；$\varDelta_2=\dfrac{\sqrt{q}}{2}$，$p$、$q$ 分别是 y 和 $\bar{x}$ 的维数。

本章中，这两个动态量化器采用如下的线性关系：

$$\tau_1=\omega\tau_2\tag{8.3}$$

式中，ω 是一个根据实际需要调节的正数。

为了描述问题的便利，可以记为：

$$\begin{cases}q_\tau(\bar{y})=\left[q_{\tau_1}^{\mathrm{T}}(y),q_{\tau_2}^{\mathrm{T}}(\bar{x})\right]^{\mathrm{T}}\\ e_\tau(\bar{y})=\left[e_{\tau_1}^{\mathrm{T}}(y),e_{\tau_2}^{\mathrm{T}}(\bar{x})\right]^{\mathrm{T}}\end{cases}\tag{8.4}$$

8.2.2 故障模型

执行器故障模型如下：

$$u^{\mathrm{F}}(t)=\boldsymbol{\rho}u(t)+\boldsymbol{\sigma}u_{\mathrm{s}}(t) \tag{8.5}$$

式中，$\boldsymbol{\rho}\in\Delta_{\rho^j}$；$\boldsymbol{\sigma}\in\Delta_{\sigma^j}$，$j\in I(1,L)$。

带有执行器故障式（8.5）的系统式（8.1）可以表示为

$$\dot{x}(t)=\left[\boldsymbol{A}+\Delta\boldsymbol{A}(x,t)\right]x(t)+\boldsymbol{B}_2\left[\boldsymbol{\rho}u(t)+\boldsymbol{\sigma}u_{\mathrm{s}}(t)\right]+\boldsymbol{B}_1w(t) \tag{8.6}$$

8.2.3 基于补偿器的滑模变结构控制器

考虑如下基于 q 阶补偿器的滑模变结构控制器[228-231]：

$$\begin{cases}\dot{\overline{x}}(t)=\boldsymbol{A}_K q_{\tau_2}\left[\overline{x}(t)\right]+\boldsymbol{B}_K q_{\tau_1}\left[y(t)\right]\\ u(t)=\boldsymbol{C}_K q_{\tau_2}\left[\overline{x}(t)\right]+\boldsymbol{D}_K q_{\tau_1}\left[y(t)\right]+\nu(t)\\ \overline{x}(0)=\overline{x}_0\end{cases} \tag{8.7}$$

式中，$\boldsymbol{A}_K\in R^{q\times q}$，$\boldsymbol{B}_K\in R^{q\times p}$，$\boldsymbol{C}_K\in R^{m\times q}$ 和 $\boldsymbol{D}_K\in R^{m\times p}$ 是待设计的矩阵；非线性切换控制项 $\nu(t)$ 用来补偿执行器故障和量化误差，将在后面设计。

结合式（8.1）、式（8.5）和式（8.7）可以得到下面的增广系统：

$$\begin{cases}\dot{\xi}(t)=\overline{\boldsymbol{A}}_{\mathrm{c}}\xi(t)+\overline{\boldsymbol{B}}\boldsymbol{K}\overline{\boldsymbol{C}}\xi(t)+\boldsymbol{B}_{21}\nu(t)+\boldsymbol{B}_{22}u_{\mathrm{s}}(t)+\overline{\boldsymbol{B}}_1w(t)+\overline{\boldsymbol{B}}\boldsymbol{K}\overline{e}(t)\\ z(t)=\overline{\boldsymbol{C}}_1\xi(t)\\ \overline{y}(t)=\overline{\boldsymbol{C}}\xi(t)\end{cases} \tag{8.8}$$

式中，$\xi=\left[x^{\mathrm{T}}\quad \overline{x}^{\mathrm{T}}\right]^{\mathrm{T}}$；$\overline{y}(t)=\left[y^{\mathrm{T}}\quad \overline{x}^{\mathrm{T}}\right]$；$\overline{e}(t)=\left[e_{\tau_1}^{\mathrm{T}}\quad e_{\tau_2}^{\mathrm{T}}\right]$；$\overline{\boldsymbol{A}}_{\mathrm{c}}=\overline{\boldsymbol{A}}+\Delta\overline{\boldsymbol{A}}$；$\overline{\boldsymbol{A}}=\begin{bmatrix}\boldsymbol{A}&0\\0&0\end{bmatrix}$；$\Delta\overline{\boldsymbol{A}}=\begin{bmatrix}\overline{\boldsymbol{A}}&0\\0&0\end{bmatrix}$；$\overline{\boldsymbol{B}}=\begin{bmatrix}\boldsymbol{B}_2\boldsymbol{\rho}&0\\0&\boldsymbol{I}\end{bmatrix}$；$\boldsymbol{K}=\begin{bmatrix}\boldsymbol{D}_K&\boldsymbol{C}_K\\\boldsymbol{B}_K&\boldsymbol{A}_K\end{bmatrix}$；$\overline{\boldsymbol{C}}=\begin{bmatrix}\boldsymbol{C}&0\\0&\boldsymbol{I}\end{bmatrix}$；$\boldsymbol{B}_{21}=\begin{bmatrix}\boldsymbol{B}_2\boldsymbol{\rho}\\0\end{bmatrix}$；$\boldsymbol{B}_{22}=\begin{bmatrix}\boldsymbol{B}_2\boldsymbol{\sigma}\\0\end{bmatrix}$；$\overline{\boldsymbol{B}}_1=\begin{bmatrix}\boldsymbol{B}_1\\0\end{bmatrix}$；$\overline{\boldsymbol{C}}_1=\left[\boldsymbol{C}_1\quad 0\right]$。

为了达到容错的目的，给出两个基本假设：$(\boldsymbol{A},\boldsymbol{B}_2)$ 是可控的；$(\boldsymbol{A},\boldsymbol{C})$ 是完全可观的。此外，再给出以下假设。

假设 8.1：$\mathrm{rank}\left[\boldsymbol{C}\boldsymbol{B}_2\right]=\mathrm{rank}\left[\boldsymbol{B}_2\right]=l$，$(\boldsymbol{A},\boldsymbol{B}_2,\boldsymbol{C})$ 满足 $l<p<n$ 并且是最小相位的。

假设 8.2：非参数执行器卡死故障时分段连续有界函数，即存在一个未知正常数 $\overline{u}_{si}$ 使得下式成立：

$$\left|u_{\mathrm{s}}(t)\right|\leqslant\overline{u}_{si} \tag{8.9}$$

假设 8.3：对于所有的 $\boldsymbol{\rho} \in \Delta_{\rho^j}, j=1,2,\cdots,L$， $\operatorname{rank}\left[\boldsymbol{B}_2\boldsymbol{\rho}\right]=\operatorname{rank}\left[\boldsymbol{B}_2\right]$ 成立。

假设 8.1 是输出反馈滑模变结构控制设计的必要条件[232]。值得注意的是，已有文献[228]～文献[232]要求 $p>m$，而本章只要求 $p>l$。假设 8.2 在鲁棒容错控制中很普遍[233]。如文献[223]所述，假设 8.3 是执行器冗余假设，对于完全补偿执行器卡死故障是必要的[233,234]。很多实际系统[223]都满足这个假设，而且很多研究都基于这个冗余假设[233,234]。

在增广系统中，定义如下的滑模面 $\alpha(\overline{y})=0$：

$$\alpha(\overline{y})=\boldsymbol{F}\,\overline{y}=\begin{bmatrix}\boldsymbol{F}_1 & \boldsymbol{F}_2\end{bmatrix}\begin{bmatrix} y \\ \overline{x}\end{bmatrix}=\boldsymbol{F}_1 y+\boldsymbol{F}_2\overline{x}=0 \tag{8.10}$$

式中，$\boldsymbol{F}_1 \in R^{l\times p}$；$\boldsymbol{F}_2 \in R^{l\times p}$。这两项将在后面设计中给出。

8.2.4 问题描述

本章将要设计滑模面式（8.10），动态量化参数 τ_1 和 τ_2 的调节范围式（8.3）、滑模容错控制律式（8.7）使得闭环系统式（8.8）在有执行器故障和量化误差的情况下仍能渐近稳定并且具有自适应 H_∞ 性能指标，如以下定义所示。

定义 8.1：考虑如下状态反馈下的闭环系统

$$\begin{cases}\dot{\xi}(t)=\boldsymbol{A}_{\mathrm{c}}(\hat{a}(t),a)\xi(t)+\boldsymbol{B}_{\mathrm{c}}(\hat{a}(t),a)\omega(t)\\ z(t)=\boldsymbol{C}_{\mathrm{c}}(\hat{a}(t),a)\xi(t)\\ \xi(0)=0\end{cases} \tag{8.11}$$

式中，$\xi(t)\in R^n$ 是系统的状态；$\omega(t)\in L_2\left[0,\infty\right)$ 为能量有界的外部扰动；$z(t)\in R^r$ 是系统的被调输出；a 为参数向量；$\hat{a}(t)$ 为要估计的时变参数向量；$\boldsymbol{A}_{\mathrm{c}}(\hat{a}(t),a)$、$\boldsymbol{B}_{\mathrm{c}}(\hat{a}(t),a)$ 及 $\boldsymbol{C}_{\mathrm{c}}(\hat{a}(t),a)$ 是依赖于 a 和 $\hat{a}(t)$ 的时变矩阵。$\gamma>0$ 为给定常数，如果系统式（8.11）具有以下性质：

（1）系统是渐近稳定的；

（2）如果对于任意的 $\tau>0$，存在 $\hat{a}(t)$ 使得不等式

$$\int_0^\infty z^{\mathrm{T}}(t)z(t)\,\mathrm{d}t \leqslant \gamma^2\int_0^\infty \omega^{\mathrm{T}}(t)\omega(t)\mathrm{d}t+\tau, \qquad \forall\,\omega(t)\in L_2\left[0,\infty\right) \tag{8.12}$$

成立，则称系统式（8.11）的自适应 H_∞ 性能指标小于等于 γ。

8.3 主要结果

8.3.1 滑模面设计

假设输入矩阵$\boldsymbol{B}_2$可以分解为

$$\boldsymbol{B}_2=\boldsymbol{B}_{2\mathrm{v}}^0\boldsymbol{N}^0 \tag{8.13}$$

式中，$\boldsymbol{N}^0\in R^{l\times m}$和$\boldsymbol{B}_{2\mathrm{v}}^0\in R^{n\times l}$的秩$l$满足$l<m$。

由于设计的需要，引入设计参数$\zeta>0$，即

$$\boldsymbol{B}_{2\mathrm{v}}=\frac{1}{\zeta}\boldsymbol{B}_{2\mathrm{v}}^0,\boldsymbol{N}=\zeta\boldsymbol{N}^0 \tag{8.14}$$

同第 7 章，本章中参数ζ的引入是为了调节矩阵$\boldsymbol{N}\boldsymbol{N}^{\mathrm{T}}$的最小特征值，给滑模变结构控制器设计和量化参数调节带来很大的灵活性。

接下来，给出系统在有执行器故障、量化误差及不匹配参数不确定性和外部扰动的情况下，在滑模面$\alpha(\bar{y})=0$上的滑动模态稳定的一个充分条件。滑模面的设计方法及相关的算法在文献[228]中已经给出。为了保证设计的完整性，在本章中给出这些结果。

定理 8.1：假定$\tilde{\boldsymbol{B}}_{2\mathrm{v}}$为矩阵$\boldsymbol{B}_{2\mathrm{v}}^{\mathrm{T}}$零空间的一个基，$\boldsymbol{B}_{\mathrm{v}}=\begin{bmatrix}\boldsymbol{B}_{2\mathrm{v}}^{\mathrm{T}} & 0\end{bmatrix}^{\mathrm{T}}\in R^{(n+q)\times l}$。如果存在正定对称矩阵$\boldsymbol{P}=\boldsymbol{P}^{\mathrm{T}}>0$和矩阵$\boldsymbol{K}\in R^{n\times m}$使得下面不等式成立

$$\boldsymbol{P}(\bar{\boldsymbol{A}}_{\mathrm{c}}+\bar{\boldsymbol{B}}\boldsymbol{K}\bar{\boldsymbol{C}})+(\bar{\boldsymbol{A}}_{\mathrm{c}}+\bar{\boldsymbol{B}}\boldsymbol{K}\bar{\boldsymbol{C}})^{\mathrm{T}}\boldsymbol{P}+\gamma_0^{-2}\boldsymbol{P}\bar{\boldsymbol{B}}_1\bar{\boldsymbol{B}}_1^{\mathrm{T}}\boldsymbol{P}+\bar{\boldsymbol{C}}_1^{\mathrm{T}}\bar{\boldsymbol{C}}<0,\ \boldsymbol{B}_{\mathrm{v}}^{\mathrm{T}}\boldsymbol{P}=\boldsymbol{F}\bar{\boldsymbol{C}} \tag{8.15}$$

则在滑模面$\alpha(\bar{y})=0$上的$(n+q-l)$降阶动态是渐近稳定的并且自适应H_∞性能指标不大于γ_0。

证明：首先定义$\boldsymbol{B}_{\mathrm{v}}\in R^{(n+q)\times l}$为$\begin{bmatrix}\boldsymbol{B}_{2\mathrm{v}}\\0\end{bmatrix}$，并且$\boldsymbol{\Phi}_0\in R^{(n+q)\times(n-l)}$为$\boldsymbol{\Phi}_0\in\begin{bmatrix}\boldsymbol{\Phi}^{\mathrm{T}} & 0\end{bmatrix}^{\mathrm{T}}$。其中，$\boldsymbol{\Phi}\in R^{n\times(n-l)}$满足$\boldsymbol{\Phi}^{\mathrm{T}}\boldsymbol{B}_{2\mathrm{v}}=0$，$\boldsymbol{\Phi}^{\mathrm{T}}\boldsymbol{\Phi}=\boldsymbol{I}$，并且其是满秩的矩阵。选择一个非奇异变化矩阵$\boldsymbol{M}$，并且相应的变换向量为$\zeta(t)$，即

$$\boldsymbol{M}\overset{\mathrm{def}}{=}\begin{bmatrix}(\boldsymbol{\Phi}_0^{\mathrm{T}}\boldsymbol{P}^{-1}\boldsymbol{\Phi}_0)^{-1}\boldsymbol{\Phi}_0^{\mathrm{T}}\\\boldsymbol{B}_{\mathrm{v}}^{\mathrm{T}}\boldsymbol{P}\end{bmatrix},\qquad \zeta(t)\overset{\mathrm{def}}{=}\begin{bmatrix}\zeta_1(t)\\\zeta_2(t)\end{bmatrix}=\boldsymbol{M}\xi(t)$$

式中，$\zeta_1(t)\in R^{n+q-l}$；$\zeta_2(t)\in R^l$。可以得出$\boldsymbol{M}^{-1}=\begin{bmatrix}\boldsymbol{P}^{-1}\boldsymbol{\Phi}_0 & \boldsymbol{B}_{\mathrm{v}}(\boldsymbol{B}_{\mathrm{v}}^{\mathrm{T}}\boldsymbol{P}\boldsymbol{B}_{\mathrm{v}})^{-1}\end{bmatrix}$。利用等式关系$\boldsymbol{B}_{\mathrm{v}}^{\mathrm{T}}\boldsymbol{P}=\boldsymbol{F}\bar{\boldsymbol{C}}$，可以看出$\zeta_2(t)=\alpha(t)$。经过上述变换可以得到

$$\begin{cases}\dot{\zeta}(t)=\boldsymbol{M}\bar{\boldsymbol{A}}_{\mathrm{c}}\boldsymbol{M}^{-1}\zeta(t)+\boldsymbol{M}\bar{\boldsymbol{B}}\boldsymbol{K}\bar{\boldsymbol{C}}\boldsymbol{M}^{-1}\zeta(t)+\boldsymbol{M}\boldsymbol{B}_{21}\nu(t)+\boldsymbol{M}\boldsymbol{B}_{22}u_{\mathrm{s}}(t)\\ \qquad +\boldsymbol{M}\bar{\boldsymbol{B}}_1 w(t)+\boldsymbol{M}\bar{\boldsymbol{B}}\boldsymbol{K}\bar{e}(t)\\ z(t)=\bar{\boldsymbol{C}}_1\boldsymbol{M}^{-1}\zeta(t)\\ \bar{y}(t)=\bar{\boldsymbol{C}}\boldsymbol{M}^{-1}\zeta(t)\end{cases} \tag{8.16}$$

式（8.16）也可写为

$$\begin{cases}\begin{bmatrix}\dot{\zeta}_1(t)\\ \dot{\alpha}(t)\end{bmatrix}=\begin{bmatrix}\boldsymbol{\Phi}_{\mathrm{g}}(\bar{\boldsymbol{A}}_{\mathrm{c}}+\bar{\boldsymbol{B}}\boldsymbol{K}\bar{\boldsymbol{C}})\boldsymbol{P}^{-1}\boldsymbol{\Phi}_0 & \boldsymbol{\Phi}_{\mathrm{g}}(\bar{\boldsymbol{A}}_{\mathrm{c}}+\bar{\boldsymbol{B}}\boldsymbol{K}\bar{\boldsymbol{C}})\boldsymbol{B}_{\mathrm{g}}\\ \boldsymbol{B}_{\mathrm{v}}^{\mathrm{T}}\boldsymbol{P}(\bar{\boldsymbol{A}}_{\mathrm{c}}+\bar{\boldsymbol{B}}\boldsymbol{K}\bar{\boldsymbol{C}})\boldsymbol{P}^{-1}\boldsymbol{\Phi}_0 & \boldsymbol{B}_{\mathrm{v}}^{\mathrm{T}}\boldsymbol{P}(\bar{\boldsymbol{A}}_{\mathrm{c}}+\bar{\boldsymbol{B}}\boldsymbol{K}\bar{\boldsymbol{C}})\boldsymbol{P}^{-1}\boldsymbol{B}_{\mathrm{g}}\end{bmatrix}\begin{bmatrix}\zeta_1(t)\\ \alpha(t)\end{bmatrix}\\ \qquad +\begin{bmatrix}\boldsymbol{\Phi}_{\mathrm{g}}\boldsymbol{B}_{21}\\ \boldsymbol{B}_{\mathrm{v}}^{\mathrm{T}}\boldsymbol{P}\boldsymbol{B}_{21}\end{bmatrix}\nu(t)+\begin{bmatrix}\boldsymbol{\Phi}_{\mathrm{g}}\boldsymbol{B}_{22}\\ \boldsymbol{B}_{\mathrm{v}}^{\mathrm{T}}\boldsymbol{P}\boldsymbol{B}_{22}\end{bmatrix}u_{\mathrm{s}}(t)+\begin{bmatrix}\boldsymbol{\Phi}_{\mathrm{g}}\bar{\boldsymbol{B}}_1\\ \boldsymbol{B}_{\mathrm{v}}^{\mathrm{T}}\boldsymbol{P}\bar{\boldsymbol{B}}_1\end{bmatrix}w(t)+\begin{bmatrix}\boldsymbol{\Phi}_{\mathrm{g}}\bar{\boldsymbol{B}}_1\boldsymbol{K}\\ \boldsymbol{B}_{\mathrm{v}}^{\mathrm{T}}\boldsymbol{P}\bar{\boldsymbol{B}}_1\boldsymbol{K}\end{bmatrix}\bar{e}(t)\\ z(t)=\bar{\boldsymbol{C}}\boldsymbol{M}^{-1}\zeta(t)=\bar{\boldsymbol{C}}_1\boldsymbol{P}^{-1}\boldsymbol{\Phi}_0\zeta_1(t)+\bar{\boldsymbol{C}}_1\boldsymbol{B}_{\mathrm{g}}\alpha(t)\\ \bar{y}(t)=\bar{\boldsymbol{C}}\boldsymbol{P}^{-1}\boldsymbol{\Phi}_0\zeta_1(t)+\bar{\boldsymbol{C}}\boldsymbol{B}_{\mathrm{g}}\alpha(t)\end{cases}$$

式中，$\boldsymbol{\Phi}_{\mathrm{g}}=(\boldsymbol{\Phi}_0^{\mathrm{T}}\boldsymbol{P}^{-1}\boldsymbol{\Phi}_0)^{-1}\boldsymbol{\Phi}_0^{\mathrm{T}}$；$\boldsymbol{B}_{\mathrm{g}}=\boldsymbol{B}_{\mathrm{v}}(\boldsymbol{B}_{\mathrm{v}}^{\mathrm{T}}\boldsymbol{P}\boldsymbol{B}_{\mathrm{v}})^{-1}$。

此外，下面公式成立：

$$\begin{aligned}\boldsymbol{\Phi}_{\mathrm{g}}\boldsymbol{B}_{21}&=(\boldsymbol{\Phi}_0^{\mathrm{T}}\boldsymbol{P}^{-1}\boldsymbol{\Phi}_0)^{-1}\boldsymbol{\Phi}_0^{\mathrm{T}}\begin{bmatrix}\boldsymbol{B}_2\boldsymbol{\rho}\\ 0\end{bmatrix}\\ &=(\boldsymbol{\Phi}_0^{\mathrm{T}}\boldsymbol{P}^{-1}\boldsymbol{\Phi}_0)^{-1}\begin{bmatrix}\boldsymbol{\Phi}_0^{\mathrm{T}} & 0\end{bmatrix}\begin{bmatrix}\boldsymbol{B}_2\boldsymbol{\rho}\\ 0\end{bmatrix}\\ &=(\boldsymbol{\Phi}_0^{\mathrm{T}}\boldsymbol{P}^{-1}\boldsymbol{\Phi}_0)^{-1}\boldsymbol{\Phi}^{\mathrm{T}}\boldsymbol{B}_2\boldsymbol{\rho}\\ &=0\end{aligned}$$

类似地，可以得到

$$\boldsymbol{\Phi}_{\mathrm{g}}\boldsymbol{B}_{22}=(\boldsymbol{\Phi}_0^{\mathrm{T}}\boldsymbol{P}^{-1}\boldsymbol{\Phi}_0)^{-1}\boldsymbol{\Phi}_0^{\mathrm{T}}\begin{bmatrix}\boldsymbol{B}_2\boldsymbol{\sigma}\\ 0\end{bmatrix}=0$$

$$\boldsymbol{\Phi}_{\mathrm{g}}\bar{\boldsymbol{B}}\boldsymbol{K}=(\boldsymbol{\Phi}_0^{\mathrm{T}}\boldsymbol{P}^{-1}\boldsymbol{\Phi}_0)^{-1}\boldsymbol{\Phi}_0^{\mathrm{T}}\begin{bmatrix}\boldsymbol{B}_2\boldsymbol{\rho} & 0\\ 0 & \boldsymbol{I}\end{bmatrix}\boldsymbol{K}=0$$

分解 $\boldsymbol{P}$ 为 $\boldsymbol{P}=\begin{bmatrix}\boldsymbol{P}_1 & \boldsymbol{P}_2\\ * & \boldsymbol{P}_3\end{bmatrix}$，利用引理 2.4，可以得到 $\boldsymbol{P}_1>0$。由式（8.12）可以得到 $\boldsymbol{B}_{\mathrm{v}}^{\mathrm{T}}\boldsymbol{P}\boldsymbol{B}_{21}=\boldsymbol{B}_{2\mathrm{v}}^{\mathrm{T}}\boldsymbol{P}_1\boldsymbol{B}_{2\mathrm{v}}\boldsymbol{N}\boldsymbol{\rho}$。由于 $\mathrm{rank}\begin{bmatrix}\boldsymbol{B}_{\mathrm{v}}^{\mathrm{T}}\boldsymbol{P}\end{bmatrix}=\mathrm{rank}\begin{bmatrix}\boldsymbol{B}_{2\mathrm{v}}^{\mathrm{T}}\boldsymbol{P}_1\boldsymbol{B}_{2\mathrm{v}}\boldsymbol{N}\boldsymbol{\rho}\end{bmatrix}=l$，对矩阵 $\boldsymbol{B}_{\mathrm{v}}^{\mathrm{T}}\boldsymbol{P}\boldsymbol{B}_{21}$ 加入列向量 $\boldsymbol{B}_{\mathrm{v}}^{\mathrm{T}}\boldsymbol{P}(\bar{\boldsymbol{A}}_{\mathrm{c}}+\bar{\boldsymbol{B}}\boldsymbol{K}\bar{\boldsymbol{C}})\boldsymbol{P}^{-1}\boldsymbol{\Phi}_0\zeta_1(t)$ 并不改变其秩，这意味着

$$\begin{aligned}\mathrm{rank}\begin{bmatrix}\boldsymbol{B}_{\mathrm{v}}^{\mathrm{T}}\boldsymbol{P}\boldsymbol{B}_{21}\end{bmatrix}=\mathrm{rank}\Big[&\boldsymbol{B}_{\mathrm{v}}^{\mathrm{T}}\boldsymbol{P}\boldsymbol{B}_{21},\boldsymbol{B}_{\mathrm{v}}^{\mathrm{T}}\boldsymbol{P}(\bar{\boldsymbol{A}}_{\mathrm{c}}+\bar{\boldsymbol{B}}\boldsymbol{K}\bar{\boldsymbol{C}})\boldsymbol{P}^{-1}\boldsymbol{\Phi}_0\,\zeta_1(\mathrm{t}),\boldsymbol{B}_{\mathrm{v}}^{\mathrm{T}}\boldsymbol{P}\boldsymbol{B}_{22}u_{\mathrm{s}}(t),\\ &\boldsymbol{B}_{\mathrm{v}}^{\mathrm{T}}\boldsymbol{P}\bar{\boldsymbol{B}}_1 w(t),\boldsymbol{B}_{\mathrm{v}}^{\mathrm{T}}\boldsymbol{P}\bar{\boldsymbol{B}}\boldsymbol{K}\bar{e}(t)\Big]\end{aligned}$$

会有无数个解[89]。根据文献[89]和文献[193]中等效控制的求法，可以得到

$$\nu_{\rm ep}(t)=-(\boldsymbol{N\rho})^{+}(\boldsymbol{B}_{2\rm v}^{\rm T}\boldsymbol{P}_1\boldsymbol{B}_{2\rm v})^{-1}\Big[\boldsymbol{B}_{\rm v}^{\rm T}\boldsymbol{P}(\bar{\boldsymbol{A}}_{\rm c}+\bar{\boldsymbol{B}}\boldsymbol{K}\bar{\boldsymbol{C}})\boldsymbol{P}^{-1}\boldsymbol{\Phi}_0\zeta_1(t)+\boldsymbol{B}_{\rm v}^{\rm T}\boldsymbol{P}\boldsymbol{B}_{22}u_{\rm s}(t)$$
$$+\boldsymbol{B}_{\rm v}^{\rm T}\boldsymbol{P}\bar{\boldsymbol{B}}_1 w(t)+\boldsymbol{B}_{\rm v}^{\rm T}\boldsymbol{P}\bar{\boldsymbol{B}}\boldsymbol{K}\bar{e}(t)\Big] \tag{8.17}$$

式中，$(\boldsymbol{N\rho})^{+}$ 是 $\boldsymbol{N\rho}$ 的 Moore-Penrose 逆矩阵。令 $\dot{\alpha}=\alpha=0$，并将 $\nu_{\rm ep}(t)$ 代替 $\nu(t)$ 可以得到下面的系统动态：

$$\begin{cases}\dot{\zeta}_1(t)=\boldsymbol{\Phi}_{\rm g}(\bar{\boldsymbol{A}}_{\rm c}+\bar{\boldsymbol{B}}\boldsymbol{K}\bar{\boldsymbol{C}})\boldsymbol{P}^{-1}\boldsymbol{\Phi}_0\zeta_1(1)+\boldsymbol{\Phi}_{\rm g}\bar{\boldsymbol{B}}_1 w(t)\\ z(t)=\bar{\boldsymbol{C}}\boldsymbol{P}^{-1}\boldsymbol{\Phi}_0\zeta_1(t)\end{cases} \tag{8.18}$$

即闭环系统在滑模面 $\alpha(t)=F\bar{y}=0$ 上的 $(n+q-l)$ 降阶系统由式（8.18）给出。由引理 2.7 可知，如果存在一个正定矩阵 $\boldsymbol{P}_0$ 使得下面李雅普诺夫不等式成立：

$$\begin{cases}\boldsymbol{P}_0\boldsymbol{\Phi}_{\rm g}(\bar{\boldsymbol{A}}_{\rm c}+\bar{\boldsymbol{B}}\boldsymbol{K}\bar{\boldsymbol{C}})\boldsymbol{P}^{-1}\boldsymbol{\Phi}_0+\boldsymbol{\Phi}_0^{\rm T}\boldsymbol{P}^{-1}(\bar{\boldsymbol{A}}_{\rm c}+\bar{\boldsymbol{B}}\boldsymbol{K}\bar{\boldsymbol{C}})^{\rm T}\boldsymbol{\Phi}_{\rm g}^{\rm T}\boldsymbol{P}_0\\ \qquad+\gamma_0^{-2}\boldsymbol{P}_0\boldsymbol{\Phi}_{\rm g}\bar{\boldsymbol{B}}_1\bar{\boldsymbol{B}}_1^{\rm T}\boldsymbol{\Phi}_{\rm g}^{\rm T}\boldsymbol{P}_0+\boldsymbol{\Phi}_0^{\rm T}\boldsymbol{P}^{-1}\bar{\boldsymbol{C}}_1^{\rm T}\bar{\boldsymbol{C}}_1\boldsymbol{P}^{-1}\boldsymbol{\Phi}_0<0\\ \boldsymbol{B}_{\rm v}^{\rm T}\boldsymbol{P}=\boldsymbol{F}\bar{\boldsymbol{C}}\end{cases}$$

则降阶系统式（8.17）是稳定的并且自适应 H_∞ 性能指标不大于 γ_0。

令正定矩阵 $\boldsymbol{P}_0=\boldsymbol{\Phi}_0^{\rm T}\boldsymbol{P}^{-1}\boldsymbol{\Phi}_0$，其中，$\boldsymbol{P}$ 是式（8.15）的解，则上述李雅普诺夫不等式可以重写为

$$\begin{cases}\boldsymbol{\Phi}_0^{\rm T}(\bar{\boldsymbol{A}}_{\rm c}\boldsymbol{P}^{-1}+\boldsymbol{P}^{-1}\bar{\boldsymbol{A}}_{\rm c}^{\rm T}+\gamma_0^{-2}\bar{\boldsymbol{B}}_1\bar{\boldsymbol{B}}_1^{\rm T}+\boldsymbol{P}^{-1}\bar{\boldsymbol{C}}_1^{\rm T}\bar{\boldsymbol{C}}_1\boldsymbol{P}^{-1})\boldsymbol{\Phi}_0<0\\ \boldsymbol{B}_{\rm v}^{\rm T}\boldsymbol{P}=\boldsymbol{F}\bar{\boldsymbol{C}}\\ \boldsymbol{P}>0\end{cases} \tag{8.19}$$

对式（8.15）运用引理 2.8，则式（8.19）成立，这意味着滑动模态式（8.18）是稳定的，并且 H_∞ 性能指标不大于 γ_0。

证毕。

定理 8.2：假定 $\boldsymbol{\Theta}\in R^{n\times(n-p)}$ 和 $\boldsymbol{\Phi}\in R^{n\times(n-l)}$ 是满足 $\boldsymbol{C\Theta}=0$、$\boldsymbol{\Theta}^{\rm T}\boldsymbol{\Theta}=\boldsymbol{I}$、$\boldsymbol{\Phi}^{\rm T}\boldsymbol{B}_{2\rm v}=0$、$\boldsymbol{\Phi}^{\rm T}\boldsymbol{\Phi}=\boldsymbol{I}$ 的满秩矩阵。γ_0 是任意给定的正标量。如果存在矩阵 $\boldsymbol{X}>0$、$\boldsymbol{H}=\boldsymbol{H}^{\rm T}\in R^{p\times p}$、$\boldsymbol{W}=\boldsymbol{W}^{\rm T}\in R^{(n-l)\times(n-l)}$ 和标量 $\varepsilon_0>0$ 使得下面的线性矩阵不等式对 $(\boldsymbol{X},\boldsymbol{W},\boldsymbol{H})$ 是可行的：

$$\begin{bmatrix}\boldsymbol{\Phi}^{\rm T}(\boldsymbol{AX}+\boldsymbol{XA}^{\rm T}+\varepsilon_0\boldsymbol{DD}^{\rm T})\boldsymbol{\Phi} & \boldsymbol{\Phi}^{\rm T}\boldsymbol{B}_1 & \boldsymbol{\Phi}^{\rm T}\boldsymbol{XC}_1^{\rm T} & \boldsymbol{\Phi}^{\rm T}\boldsymbol{XE}^{\rm T}\\ * & -\gamma_0^2\boldsymbol{I} & 0 & 0\\ * & * & -\boldsymbol{I} & 0\\ * & * & * & -\varepsilon_0\boldsymbol{I}\end{bmatrix}<0 \tag{8.20}$$

$$\begin{bmatrix}\boldsymbol{\Pi} & \boldsymbol{\Theta}^{\rm T}\boldsymbol{\Phi}\boldsymbol{W}\boldsymbol{\Phi}^{\rm T}\boldsymbol{B}_1 & \boldsymbol{\Theta}^{\rm T}\boldsymbol{C}_1^{\rm T} & \boldsymbol{\Theta}^{\rm T}\boldsymbol{\Phi}\boldsymbol{W}\boldsymbol{\Phi}^{\rm T}\boldsymbol{B}_1\\ * & -\gamma_0^2\boldsymbol{I} & 0 & 0\\ * & * & -\boldsymbol{I} & 0\\ * & * & * & -\varepsilon_0\boldsymbol{I}\end{bmatrix}<0 \tag{8.21}$$

$$\begin{bmatrix} \boldsymbol{\Phi W \Phi}^{\mathrm{T}} + \boldsymbol{C}^{\mathrm{T}}\boldsymbol{HC} & \boldsymbol{I} \\ * & \boldsymbol{X} \end{bmatrix} > 0 \tag{8.22}$$

式中，$\boldsymbol{\Pi} = \boldsymbol{\Theta}^{\mathrm{T}}(\boldsymbol{\Phi W \Phi}^{\mathrm{T}}\boldsymbol{A} + \boldsymbol{A}^{\mathrm{T}}\boldsymbol{\Phi W \Phi}^{\mathrm{T}} + \varpi \boldsymbol{EE}^{\mathrm{T}})\boldsymbol{\Theta}$。则式（8.15）是可行的。

证明：对式（8.22）使用引理 2.4，可以得出 $\boldsymbol{Y} \geqslant \boldsymbol{X}^{-1} > 0$。其中，$\boldsymbol{Y} = \boldsymbol{\Phi W \Phi}^{\mathrm{T}} + \boldsymbol{C}^{\mathrm{T}}\boldsymbol{HC}$。反过来，可以得出存在一个满秩矩阵 $\boldsymbol{U} \in R^{n\times q}$ 使得下面等式成立：

$$\boldsymbol{UU}^{\mathrm{T}} = \boldsymbol{\Phi W \Phi}^{\mathrm{T}} + \boldsymbol{C}^{\mathrm{T}}\boldsymbol{HC} - \boldsymbol{X}^{-1} \tag{8.23}$$

式中，$q = \mathrm{rank}\left[\boldsymbol{Y} - \boldsymbol{X}^{-1}\right]$。定义 $\boldsymbol{P} \in R^{(n+q)\times(n+q)}$ 为

$$\boldsymbol{P} = \begin{bmatrix} \boldsymbol{\Phi W \Phi}^{\mathrm{T}} + \boldsymbol{C}^{\mathrm{T}}\boldsymbol{HC} & \boldsymbol{U} \\ * & \boldsymbol{I} \end{bmatrix} = \begin{bmatrix} \boldsymbol{Y} & \boldsymbol{U} \\ \boldsymbol{U}^{\mathrm{T}} & \boldsymbol{I} \end{bmatrix} \tag{8.24}$$

并且可以看出 $\boldsymbol{P} > 0$、$\boldsymbol{F} = \begin{bmatrix} \boldsymbol{B}_{2\mathrm{v}}^{\mathrm{T}}\boldsymbol{C}^{\mathrm{T}}\boldsymbol{H} & \boldsymbol{B}_{2\mathrm{v}}^{\mathrm{T}}\boldsymbol{U} \end{bmatrix}$、$\boldsymbol{B}_{\mathrm{v}}^{\mathrm{T}}\boldsymbol{P} = \boldsymbol{F}\overline{\boldsymbol{C}}$ 成立。使用矩阵逆原理和式（8.23），可以得出

$$\boldsymbol{P}^{-1} = \begin{bmatrix} \boldsymbol{X} & -\boldsymbol{XU} \\ * & \boldsymbol{I} + \boldsymbol{U}^{\mathrm{T}}\boldsymbol{XU} \end{bmatrix}$$

由式（8.20）和式（8.21）可以得出

$$\bar{\boldsymbol{\Phi}}(\overline{\boldsymbol{A}}\boldsymbol{P}^{-1} + \boldsymbol{P}^{-1}\overline{\boldsymbol{A}}^{\mathrm{T}} + \gamma_0^{-2}\overline{\boldsymbol{B}}_1\overline{\boldsymbol{B}}_1^{\mathrm{T}} + \boldsymbol{P}^{-1}\overline{\boldsymbol{C}}_1^{\mathrm{T}}\overline{\boldsymbol{C}}_1\boldsymbol{P}^{-1} + \varepsilon_0\overline{\boldsymbol{D}}\overline{\boldsymbol{D}}^{\mathrm{T}} + \varepsilon_0^{-1}\boldsymbol{P}^{-1}\overline{\boldsymbol{E}}^{\mathrm{T}}\overline{\boldsymbol{E}}\boldsymbol{P}^{-1})\bar{\boldsymbol{\Phi}} < 0$$

$$\bar{\boldsymbol{\Theta}}^{\mathrm{T}}(\boldsymbol{P}\overline{\boldsymbol{A}} + \overline{\boldsymbol{A}}^{\mathrm{T}}\boldsymbol{P} + \gamma_0^{-2}\boldsymbol{P}\overline{\boldsymbol{B}}_1\overline{\boldsymbol{B}}_1^{\mathrm{T}}\boldsymbol{P} + \overline{\boldsymbol{C}}_1^{\mathrm{T}}\overline{\boldsymbol{C}}_1 + \varepsilon_0\overline{\boldsymbol{E}}^{\mathrm{T}}\overline{\boldsymbol{E}} + \varepsilon_0^{-1}\boldsymbol{P}\overline{\boldsymbol{D}}\overline{\boldsymbol{D}}^{\mathrm{T}}\boldsymbol{P})\bar{\boldsymbol{\Theta}} < 0$$

式中，$\bar{\boldsymbol{\Phi}} = \begin{bmatrix} \boldsymbol{\Phi}^{\mathrm{T}} & 0 \end{bmatrix}^{\mathrm{T}}$；$\bar{\boldsymbol{\Theta}} = \begin{bmatrix} \boldsymbol{\Theta}^{\mathrm{T}} & 0 \end{bmatrix}^{\mathrm{T}}$；$\overline{\boldsymbol{D}} = \begin{bmatrix} \boldsymbol{D} & 0 \\ 0 & 0 \end{bmatrix}$；$\overline{\boldsymbol{E}} = \begin{bmatrix} \boldsymbol{E} & 0 \\ 0 & 0 \end{bmatrix}$。由引理 2.8 可以得出

$$\bar{\boldsymbol{\Phi}}(\overline{\boldsymbol{A}}_{\mathrm{c}}\boldsymbol{P}^{-1} + \boldsymbol{P}^{-1}\overline{\boldsymbol{A}}_{\mathrm{c}}^{\mathrm{T}} + \gamma_0^{-2}\overline{\boldsymbol{B}}_1\overline{\boldsymbol{B}}_1^{\mathrm{T}} + \boldsymbol{P}^{-1}\overline{\boldsymbol{C}}_1^{\mathrm{T}}\overline{\boldsymbol{C}}_1\boldsymbol{P}^{-1})\bar{\boldsymbol{\Phi}} < 0$$

$$\bar{\boldsymbol{\Theta}}^{\mathrm{T}}(\boldsymbol{P}\overline{\boldsymbol{A}}_{\mathrm{c}} + \overline{\boldsymbol{A}}_{\mathrm{c}}^{\mathrm{T}}\boldsymbol{P} + \gamma_0^{-2}\boldsymbol{P}\overline{\boldsymbol{B}}_1\overline{\boldsymbol{B}}_1^{\mathrm{T}}\boldsymbol{P} + \overline{\boldsymbol{C}}_1^{\mathrm{T}}\overline{\boldsymbol{C}}_1)\bar{\boldsymbol{\Theta}} < 0$$

进一步可以得出对所有的 $\boldsymbol{\rho} \in \Delta_{\rho^j}$，有

$$\boldsymbol{P}\left[\overline{\boldsymbol{A}}_{\mathrm{c}} + \overline{\boldsymbol{B}}\boldsymbol{K}\overline{\boldsymbol{C}}\right] + \left[\overline{\boldsymbol{A}}_{\mathrm{c}} + \overline{\boldsymbol{B}}\boldsymbol{K}\overline{\boldsymbol{C}}\right]^{\mathrm{T}}\boldsymbol{P} + \gamma_0^{-2}\boldsymbol{P}\overline{\boldsymbol{B}}_1\overline{\boldsymbol{B}}_1^{\mathrm{T}}\boldsymbol{P} + \overline{\boldsymbol{C}}_1^{\mathrm{T}}\overline{\boldsymbol{C}}_1 < 0$$

这意味着对于给定的矩阵 $\boldsymbol{P}$，一定存在矩阵 $\boldsymbol{K}$。

证毕。

8.3.2 滑模变结构控制器设计

引理 8.1：假设式（2.34）成立。λ_1 为矩阵 $\boldsymbol{NN}^{\mathrm{T}}$ 的最小特征值。则对于所有的 $\boldsymbol{\rho} \in \Delta_{\rho^j}, j = 1,2,\cdots L$，不等式

$$\left[\boldsymbol{F}q_\tau(\overline{y})\right]^{\mathrm{T}}\boldsymbol{N\rho N}^{\mathrm{T}}\mathrm{sgn}\left[\boldsymbol{F}q_\tau(\overline{y})\right] \geqslant \mu\lambda_1 \,|\, \boldsymbol{F}q_\tau(\overline{y}) \,|_1 \tag{8.25}$$

始终成立。

证明：同引理 7.1，不再赘述。

引理 8.2：假定矩阵 $\boldsymbol{N}^0$、$\boldsymbol{N}$ 和 μ 分别由式（8.13）、式（8.14）和式（8.25）给出，λ_{10} 和 λ_1 分别表示矩阵 $\boldsymbol{N}^0(\boldsymbol{N}^0)^{\mathrm{T}}$ 和 $\boldsymbol{N}\boldsymbol{N}^{\mathrm{T}}$ 的最小特征值，则必然存在标量 $\zeta>0$ 和 $\kappa>0$ 使得下面关系成立：

$$\lambda_1=\zeta^2\lambda_{10} \tag{8.26}$$

$$\mu\in\left(\frac{\kappa}{\lambda_1},1\right] \tag{8.27}$$

证明：同引理 7.2，不再赘述。

在上述结果的基础上，充分考虑故障信息，并给出动态量化器的调节范围，这对于后面的量化策略和滑模面控制律的设计有重要的作用。

引理 8.3：假定 $\boldsymbol{N}^{\mathrm{T}}\in R^{l\times m}$ 由式（8.14）给出，滑模面由（8.10）给出，$\varDelta_1$ 和 $\varDelta_2$ 由式（8.2）定义，λ_1 和 λ_2 分别表示正定矩阵 $\boldsymbol{N}\boldsymbol{N}^{\mathrm{T}}\in R^{l\times l}$ 的最小特征值和最大特征值。如果存在量化参数 $\tau_1>0$，$\tau_2>0$，并且 $\omega>0$ 使得

$$\tau_2<\frac{(\mu\lambda_1-\kappa)|\boldsymbol{F}\bar{y}|_1}{(\sqrt{l}\lambda_2+\lambda_1)|\boldsymbol{F}|_1(\omega\varDelta_1+\varDelta_2)},\ \tau_1=\omega\tau_2 \tag{8.28}$$

则下面不等式成立：

$$|\boldsymbol{F}e_\tau(\bar{y})|_1\leqslant|\boldsymbol{F}|_1(\varDelta_1\tau_1+\varDelta_2\tau_2)<\frac{\mu\lambda_1-\kappa}{\sqrt{l}\lambda_2}|\boldsymbol{F}q_\tau(\bar{y})|_1 \tag{8.29}$$

证明：由式（8.2）可以得出，式（8.29）的前半部分明显成立。在式（8.28）小于号两侧同时乘以 $(\sqrt{l}\lambda_2+\lambda_1)|\boldsymbol{F}|_1(\omega\varDelta_1+\varDelta_2)$，可以得出

$$(\sqrt{l}\lambda_2+\lambda_1)|\boldsymbol{F}|_1(\varDelta_1\tau_1+\varDelta_2\tau_2)<(\mu\lambda_1-\kappa)|\boldsymbol{F}\bar{y}|_1 \tag{8.30}$$

考虑式（8.27），可以得出

$$(\sqrt{l}\lambda_2+\mu\lambda_1-\kappa)|\boldsymbol{F}|_1(\varDelta_1\tau_1+\varDelta_2\tau_2)<(\sqrt{l}\lambda_2+\lambda_1)|\boldsymbol{F}|_1(\varDelta_1\tau_1+\varDelta_2\tau_2) \tag{8.31}$$

结合式（8.30）和式（8.31），并在左右两侧同时除以 $\sqrt{l}\lambda_2$ 可以得到

$$\left(1+\frac{\mu\lambda_1-\kappa}{\sqrt{l}\lambda_2}\right)|\boldsymbol{F}|_1(\varDelta_1\tau_1+\varDelta_2\tau_2)<\frac{\mu\lambda_1-\kappa}{\sqrt{l}\lambda_2}|\boldsymbol{F}\bar{y}|_1 \tag{8.32}$$

在式（8.32）两侧同时减去 $\dfrac{\mu\lambda_1-\kappa}{\sqrt{l}\lambda_2}|\boldsymbol{F}|_1(\varDelta_1\tau_1+\varDelta_2\tau_2)$，可以得到

$$|\boldsymbol{F}|_1(\varDelta_1\tau_1+\varDelta_2\tau_2)<\frac{\mu\lambda_1-\kappa}{\sqrt{l}\lambda_2}\left[|\boldsymbol{F}\bar{y}|_1-|\boldsymbol{F}|_1(\varDelta_1\tau_1+\varDelta_2\tau_2)\right]$$

借助三角不等式 $|a+b|\geqslant|a|-|b|,\forall a\in R,b\in R$，可以得到

$$|\boldsymbol{F}\bar{y}|_1-|\boldsymbol{F}|_1(\varDelta_1\tau_1+\varDelta_2\tau_2)<|\boldsymbol{F}\bar{y}|_1-|\boldsymbol{F}|_1|e_\tau(\bar{y})|_1<|\boldsymbol{F}(\bar{y}+e_\tau(\bar{y}))|_1$$

最后，利用关系 $\bar{y}+e_\tau(\bar{y})=q_\tau(\bar{y})$，可得

$$|\boldsymbol{F}e_\tau(\bar{y})|_1 < \frac{\mu\lambda_1 - \kappa}{\sqrt{l}\lambda_2}|\boldsymbol{F}q_\tau(\bar{y})|_1$$

证毕。

参数τ_1和τ_2调节规则如下。

（1）初始化：

选择一个任意参数$\omega > 0$，并令

$$\tau_2(t_0) = \frac{(\mu\lambda_1 - \kappa)\lfloor|\boldsymbol{F}\bar{y}(t_0)|_1\rfloor}{(\sqrt{l}\lambda_2 + \lambda_1)|\boldsymbol{F}|_1(\omega\varDelta_1 + \varDelta_2)}$$

$$\tau_1(t_0) = \omega\tau_2(t_0)$$

（2）调节策略：

若$\left|q\left(\dfrac{x(t)}{\tau_2(t_{i+1})}\right)\right| \leqslant H(\omega\varDelta_1 + \varDelta_2) + (\omega\varDelta_1 + \varDelta_2)$，$t > t_i$。则令$\tau_2(t_{i+1}) = O\tau_2(t_i)$；$\tau_1(t_{i+1}) = \omega\tau_2(t_{i+1}), i = 0,1,2,\cdots$，其中，$0 = t_0 < t_1 < \cdots < t_i < t_{i+1} < \cdots$；参数$O$满足$\dfrac{1}{g} < O < 1$，其中，$g = (H+2)(\omega\varDelta_1 + \varDelta_2)$；$H$的值将会在定理8.3中给出。

在给出主要的结果之前，引入下面几个矩阵的分解形式：

$$\boldsymbol{N} = \begin{bmatrix} N_1 & N_2 & \cdots & N_m \end{bmatrix} \in R^{l\times m}$$

$$\bar{u}_s = \begin{bmatrix} \bar{u}_{s1} & \bar{u}_{s2} & \cdots & \bar{u}_{sm} \end{bmatrix}^{\mathrm{T}} \in R^{m\times 1}$$

相应地，$\bar{u}_{si}$和σ为未知正数，将由自适应机制估计信号$\hat{\bar{u}}_{si}$和$\hat{\sigma}$估计，自适应估计机制如下所示：

$$\begin{cases} \dot{\hat{\bar{u}}}_{si}(t) = \gamma_{1i}\left(1 + \dfrac{\mu\lambda_1 - \kappa}{\sqrt{l}\lambda_2}\right)|\boldsymbol{F}q_\tau(\bar{y})|_1|N_i|_1,\ \hat{\bar{u}}_{si}(0) = \bar{u}_{si0} \\ \dot{\hat{\sigma}}_i(t) = \gamma_{2i}\left(1 + \dfrac{\mu\lambda_1 - \kappa}{\sqrt{l}\lambda_2}\right)|\boldsymbol{F}q_\tau(\bar{y})|_1|N_i|_1\hat{\bar{u}}_{si}(t),\ \hat{\sigma}_i(0) = \bar{\sigma}_{i0} \end{cases} \tag{8.33}$$

式中，$i = 1,\cdots,m$；$\bar{u}_{si0}$和$\bar{\sigma}_{i0}$分别是$\hat{\bar{u}}_{si}$、$\hat{\sigma}_i$的有界初始值。在实际运用中，根据实际情况选择自适应增益γ_{1i}和γ_{2i}。

定义误差系统为

$$\begin{cases} \tilde{\bar{u}}_{si}(t) = \hat{\bar{u}}_{si}(t) - \bar{u}_{si} \\ \tilde{\sigma}_i(t) = \hat{\sigma}_i(t) - \sigma_i \end{cases} \tag{8.34}$$

可以看出$\dot{\tilde{\bar{u}}}_{si}(t) = \dot{\hat{\bar{u}}}_{si}(t)$和$\dot{\tilde{\sigma}}_i(t) = \dot{\hat{\sigma}}_i(t)$。

定理 8.3：假定闭环系统式（8.8）满足假设 8.1～假设 8.3，滑模面由式（8.10）给出，其中的参数矩阵$\boldsymbol{P} > 0$，并且式（8.15）。自适应律由式（8.33）给出。滑

模控制律由以下公式给出：

$$\nu(t) = -\eta(\bar{y},t)\boldsymbol{N}^{\mathrm{T}}\mathrm{sgn}\left[\boldsymbol{F}q_{\tau}(\bar{y})\right] \tag{8.35}$$

$$\eta(\bar{y},t) = \frac{1}{\kappa}\left(1+\frac{\mu\lambda_1-\kappa}{\sqrt{l}\lambda_2}\right)\left[|(\boldsymbol{B}_{\mathrm{v}}^{\mathrm{T}}\boldsymbol{P}\boldsymbol{B}_{\mathrm{v}})^{-1}\boldsymbol{B}_{\mathrm{v}}^{\mathrm{T}}\boldsymbol{P}\boldsymbol{B}_0|_1|\boldsymbol{K}|_1(\Delta_1\tau_1+\Delta_2\tau_2)\right.$$
$$\left.+\sum_{i=1}^{m}|N_i|_1\hat{\sigma}_i\hat{\bar{u}}_{\mathrm{s}i}(t)+\varepsilon\right] \tag{8.36}$$

式中，$\bar{\boldsymbol{B}}_0 = \begin{bmatrix}\boldsymbol{B}_2 & 0\\ 0 & \boldsymbol{I}\end{bmatrix}$。则闭环系统式（8.8）在有执行器故障和量化误差的情况下对于所有的$\boldsymbol{\rho}\in\Delta_{\rho^j}, j=1,2,\cdots,L$，仍能渐近稳定并且次优自适应$H_\infty$性能指标不大于$\gamma_0$。

证明：针对闭环系统式（8.8），选择李雅普诺夫函数

$$V(\alpha,\tilde{\bar{u}}_{\mathrm{s}},\tilde{\sigma}) = V_1(\alpha)+\sum_{i=1}^{m}\frac{\sigma_i\tilde{\bar{u}}_{\mathrm{s}i}^2}{\gamma_{1i}}+\sum_{i=1}^{m}\frac{\tilde{\sigma}_i^2}{\gamma_{2i}}$$

式中，$V_1(\alpha)=\alpha^{\mathrm{T}}(\bar{y})(\boldsymbol{B}_{\mathrm{v}}^{\mathrm{T}}\boldsymbol{P}\boldsymbol{B}_{\mathrm{v}})^{-1}\alpha(\bar{y})$。为便于书写，记$\boldsymbol{S}=\boldsymbol{B}_{\mathrm{v}}^{\mathrm{T}}\boldsymbol{P}$。

如果存在一个正定对称矩阵$\boldsymbol{P}$满足式（8.15），滑模面由式（8.10）给出，并且结合式（8.14）和假设 8.3，可以得到

$$\dot{\alpha}(\bar{y}) = \boldsymbol{S}(\bar{\boldsymbol{A}}_{\mathrm{c}}+\bar{\boldsymbol{B}}\boldsymbol{K}\bar{\boldsymbol{C}})\boldsymbol{P}^{-1}\boldsymbol{\Phi}_0\zeta_1(t)+\boldsymbol{S}(\bar{\boldsymbol{A}}_{\mathrm{c}}+\bar{\boldsymbol{B}}\boldsymbol{K}\bar{\boldsymbol{C}})\boldsymbol{P}^{-1}\boldsymbol{B}_{\mathrm{g}}\alpha(\bar{y})+\boldsymbol{S}\boldsymbol{B}_{21}\nu(t)$$
$$+\boldsymbol{B}_{\mathrm{v}}^{\mathrm{T}}\boldsymbol{P}\boldsymbol{B}_{22}u_{\mathrm{s}}(t)+\boldsymbol{S}\bar{\boldsymbol{B}}_1w(t)+\boldsymbol{S}\bar{\boldsymbol{B}}\boldsymbol{K}\bar{e}(t)$$

这将导致沿着式（8.8），$V(t)$的导数变为

$$\dot{V} = \alpha^{\mathrm{T}}(\bar{y})(\boldsymbol{S}\boldsymbol{B}_{\mathrm{v}})^{-1}\left[\boldsymbol{S}(\bar{\boldsymbol{A}}_{\mathrm{c}}+\bar{\boldsymbol{B}}\boldsymbol{K}\bar{\boldsymbol{C}})\boldsymbol{P}^{-1}\boldsymbol{\Phi}_0\zeta_1(t)+\boldsymbol{S}(\bar{\boldsymbol{A}}_{\mathrm{c}}+\bar{\boldsymbol{B}}\boldsymbol{K}\bar{\boldsymbol{C}})\boldsymbol{P}^{-1}\boldsymbol{B}_{\mathrm{g}}\alpha(\bar{y})\right.$$
$$\left.+\boldsymbol{S}\boldsymbol{B}_{21}\boldsymbol{\rho}\nu(t)+\boldsymbol{S}\boldsymbol{B}_{22}u_{\mathrm{s}}(t)+\boldsymbol{S}\bar{\boldsymbol{B}}_1w(t)+\boldsymbol{S}\bar{\boldsymbol{B}}\boldsymbol{K}\bar{e}(t)\right]+\sum_{i=1}^{m}\frac{\sigma_i\tilde{\bar{u}}_{\mathrm{s}i}\dot{\tilde{\bar{u}}}_{\mathrm{s}i}}{\gamma_{1i}}+\sum_{i=1}^{m}\frac{\tilde{\sigma}_i\dot{\tilde{\sigma}}_{\mathrm{s}i}}{\gamma_{2i}}$$

接下来，证明将分为两步：第一步，τ_1和τ_2是固定的并且满足式（8.28），此时证明信号$\bar{y}(t)$在设计的控制律式（8.35）和式（8.36）的作用下进入一个带状区域$\mathcal{S}=\left\{\bar{y}:|\boldsymbol{F}\bar{y}|_1\leqslant\frac{\lambda_1+\sqrt{l}\lambda_2}{\mu\lambda_1-\kappa}|\boldsymbol{F}|_1(\omega\Delta_1+\Delta_2)\tau_2(1+\varepsilon_0)\right\}$，其中，$\varepsilon_0>0$是任意的标量；第二步，证明系统状态信号$\xi(t)$在带状区域$\mathcal{S}$时，在量化参数$\tau_1$和$\tau_2$的调节下将进入球域$\mathcal{S}_1=\{\xi(t)\,|\,|\xi(t)|_2\leqslant\boldsymbol{g}\tau_2(t_0)\}$。

第一步：为了便于描述，记$\boldsymbol{S}_0=(\boldsymbol{S}\boldsymbol{B}_{\mathrm{v}})^{-1}\boldsymbol{S}$，并考虑到量化误差，即$q_\tau(\bar{y})=e_\tau(\bar{y})+\bar{y}(t)$，其中，$q_\tau(\bar{y})$和$e_\tau(\bar{y})$由式（8.4）定义。则对$V_1(t)$求导得

$$\begin{aligned}
&\dot{V}_1 + z^{\mathrm{T}}(t)z(t) - \gamma^2 w^{\mathrm{T}}(t)w(t) \\
&= \xi(t)^{\mathrm{T}}\left[\boldsymbol{S}^{\mathrm{T}}\boldsymbol{S}_0(\bar{\boldsymbol{A}}_{\mathrm{c}} + \bar{\boldsymbol{B}}\boldsymbol{K}\bar{\boldsymbol{C}}) + (\bar{\boldsymbol{A}}_{\mathrm{c}} + \bar{\boldsymbol{B}}\boldsymbol{K}\bar{\boldsymbol{C}})^{\mathrm{T}}\boldsymbol{S}_0^{\mathrm{T}}\boldsymbol{S} + \bar{\boldsymbol{C}}_1^{\mathrm{T}}\bar{\boldsymbol{C}}_1\right]\xi(t) - \gamma^2 w^{\mathrm{T}}(t)w(t) \\
&+2\xi(t)^{\mathrm{T}}\boldsymbol{S}^{\mathrm{T}}\boldsymbol{S}_0\bar{\boldsymbol{B}}_1 w(t) + 2\left[\boldsymbol{F}q_\tau(\bar{y})\right]^{\mathrm{T}}\left[\boldsymbol{S}_0\boldsymbol{B}_{21}\nu(t) + \boldsymbol{S}_0\boldsymbol{B}_{22}u_{\mathrm{s}}(t) + \boldsymbol{S}_0\bar{\boldsymbol{B}}\boldsymbol{K}\bar{e}(t)\right] \\
&-2\left[\boldsymbol{F}e_\tau(\bar{y})\right]^{\mathrm{T}}\left[\boldsymbol{S}_0\boldsymbol{B}_{21}u(t) + \boldsymbol{S}_0\boldsymbol{B}_{22}u_{\mathrm{s}}(t) + \boldsymbol{S}_0\bar{\boldsymbol{B}}\boldsymbol{K}\bar{e}(t)\right]
\end{aligned} \tag{8.37}$$

由于$2\xi^{\mathrm{T}}(t)\boldsymbol{S}^{\mathrm{T}}\boldsymbol{S}_0\bar{\boldsymbol{B}}_1 w(t) \leqslant \gamma^{-2}\xi^{\mathrm{T}}(t)\boldsymbol{S}^{\mathrm{T}}\boldsymbol{S}_0\bar{\boldsymbol{B}}_1\bar{\boldsymbol{B}}_1^{\mathrm{T}}\boldsymbol{S}_0^{\mathrm{T}}\boldsymbol{S}\xi(t) + \gamma^2 w^{\mathrm{T}}(t)w(t)$成立，式(8.37)变为

$$\begin{aligned}
&\dot{V}_1 + z^{\mathrm{T}}(t)z(t) - \gamma^2 w^{\mathrm{T}}(t)w(t) \\
&= \xi^{\mathrm{T}}(t)\left[\boldsymbol{S}^{\mathrm{T}}\boldsymbol{S}_0(\bar{\boldsymbol{A}}_{\mathrm{c}} + \bar{\boldsymbol{B}}\boldsymbol{K}\bar{\boldsymbol{C}}) + (\bar{\boldsymbol{A}}_{\mathrm{c}} + \bar{\boldsymbol{B}}\boldsymbol{K}\bar{\boldsymbol{C}})^{\mathrm{T}}\boldsymbol{S}_0^{\mathrm{T}}\boldsymbol{S} + \bar{\boldsymbol{C}}_1^{\mathrm{T}}\bar{\boldsymbol{C}}_1 + \boldsymbol{S}^{\mathrm{T}}\boldsymbol{S}_0\bar{\boldsymbol{B}}_1\bar{\boldsymbol{B}}_1^{\mathrm{T}}\boldsymbol{S}_0^{\mathrm{T}}\boldsymbol{S}\right]\xi(t) \\
&+2\left[\boldsymbol{F}q_\tau(\bar{y})\right]^{\mathrm{T}}\left[\boldsymbol{S}_0\boldsymbol{B}_{21}\nu(t) + \boldsymbol{S}_0\boldsymbol{B}_{22}u_{\mathrm{s}}(t) + \boldsymbol{S}_0\boldsymbol{B}\boldsymbol{K}\bar{e}(t)\right] \\
&-2\left[\boldsymbol{F}e_\tau(\bar{y})\right]^{\mathrm{T}}\left[\boldsymbol{S}_0\boldsymbol{B}_{21}\nu(t) + \boldsymbol{S}_0\boldsymbol{B}_{22}u_{\mathrm{s}}(t) + \boldsymbol{S}_0\boldsymbol{B}\boldsymbol{K}\bar{e}(t)\right]
\end{aligned}$$

假定式（8.15）成立，令$\boldsymbol{P}_{\mathrm{c}} = \boldsymbol{S}^{\mathrm{T}}\boldsymbol{S}_0$，则存在某一正半定矩阵$\boldsymbol{Q}_c \geqslant 0$使得下式成立：

$$\boldsymbol{P}_{\mathrm{c}}(\bar{\boldsymbol{A}}_{\mathrm{c}} + \bar{\boldsymbol{B}}\boldsymbol{K}\bar{\boldsymbol{C}}) + (\bar{\boldsymbol{A}}_{\mathrm{c}} + \bar{\boldsymbol{B}}\boldsymbol{K}\bar{\boldsymbol{C}})^{\mathrm{T}}\boldsymbol{P}_{\mathrm{c}} + \gamma_0^{-2}\boldsymbol{P}\bar{\boldsymbol{B}}_1\bar{\boldsymbol{B}}_1^{\mathrm{T}}\boldsymbol{P} + \bar{\boldsymbol{C}}_1^{\mathrm{T}}\bar{\boldsymbol{C}}_1 \leqslant -\boldsymbol{Q}_{\mathrm{c}} \leqslant 0 \tag{8.38}$$

此外，由式（8.14）可以得出$\boldsymbol{S}_0\boldsymbol{B}_{21} = \boldsymbol{N}\boldsymbol{\rho}$，$\boldsymbol{S}_0\boldsymbol{B}_{22} = \boldsymbol{N}\boldsymbol{\sigma}$。如果假设 8.2 成立，则下面不等式成立：

$$\begin{aligned}
\left[\boldsymbol{F}q_\tau(\bar{y})\right]^{\mathrm{T}}\boldsymbol{N}\boldsymbol{\sigma}u_{\mathrm{s}}(t) &= \sum_{i=1}^{m}\left[\boldsymbol{F}q_\tau(\bar{y})\right]^{\mathrm{T}} N_i\sigma_i u_{\mathrm{s}i}(t) \\
&\leqslant \sum_{i=1}^{m} |\boldsymbol{F}q_\tau(\bar{y})|_1 |N_i|_1\, \sigma_i\bar{u}_{\mathrm{s}i}(t)
\end{aligned} \tag{8.39}$$

由式（8.38）、式（8.39）和引理 8.3 可以得出

$$\begin{aligned}
&\dot{V}_1 + z^{\mathrm{T}}(t)z(t) - \gamma^2 w^{\mathrm{T}}(t)w(t) \\
&\leqslant -\xi(t)^{\mathrm{T}}\boldsymbol{Q}_{\mathrm{c}}\xi(t) + 2\left[\boldsymbol{F}q_\tau(\bar{y})\right]^{\mathrm{T}}\boldsymbol{N}\boldsymbol{\rho}\nu(t) - 2\left[\boldsymbol{F}e_\tau(\bar{y})\right]^{\mathrm{T}}\boldsymbol{N}\boldsymbol{\rho}\nu(t) \\
&\quad - 2\left[\boldsymbol{F}q_\tau(\bar{y})\right]^{\mathrm{T}}\boldsymbol{S}_0\bar{\boldsymbol{B}}\boldsymbol{K}\bar{e}(t) \\
&\quad + 2\left(1 + \frac{\mu\lambda_1 - \kappa}{\sqrt{l}\lambda_2}\right)\sum_{i=1}^{m} |\boldsymbol{F}q_\tau(\bar{y})|_1 |\boldsymbol{N}_i|_1\, \sigma_i\bar{u}_{\mathrm{s}i}(t) + 2\left[\boldsymbol{F}q_\tau(\bar{y})\right]^{\mathrm{T}}\boldsymbol{S}_0\bar{\boldsymbol{B}}\boldsymbol{K}\bar{e}(t)
\end{aligned}$$

运用引理 2.2 和矩阵范数的关系，即$|f^{\mathrm{T}}g|_\infty \leqslant |f|_\infty |g|_\infty$和$|f|_\infty \leqslant |f|_1$成立，可以得出

$$\begin{aligned}
&\dot{V}_1 + z^{\mathrm{T}}(t)z(t) - \gamma^2 w^{\mathrm{T}}(t)w(t) \\
&\leqslant -\xi(t)^{\mathrm{T}}\boldsymbol{Q}_{\mathrm{c}}\xi(t) + 2\left[\boldsymbol{F}q_\tau(\bar{y})\right]^{\mathrm{T}}\boldsymbol{N}\boldsymbol{\rho}\nu(t) - 2\left[\boldsymbol{F}q_\tau(\bar{y})\right]^{\mathrm{T}}\boldsymbol{N}\boldsymbol{\rho}\nu(t) \\
&\quad + 2\left(1 + \frac{\mu\lambda_1 - \kappa}{\sqrt{l}\lambda_2}\right)\left[\sum_{i=1}^{m} |\boldsymbol{F}q_\tau(\bar{y})|_1 |N_i|_1\, \sigma_i\bar{u}_{\mathrm{s}i}(t) + |\boldsymbol{F}q_\tau(\bar{y})|_1 |\boldsymbol{S}_0\bar{\boldsymbol{B}}\boldsymbol{K}|_\infty |\bar{e}(t)|_\infty\right]
\end{aligned}$$

进一步整理可以得到

$$
\begin{aligned}
&\dot{V}_1 + z^{\mathrm{T}}(t)z(t) - \gamma^2 w^{\mathrm{T}}(t)w(t) \\
&\leqslant -\lambda_{\min}(\boldsymbol{Q}_{\mathrm{c}})|\xi(t)|_2^2 + 2\left[\boldsymbol{F}q_\tau(\overline{y})\right]^{\mathrm{T}}\boldsymbol{N}\boldsymbol{\rho}\nu(t) \\
&+2\left(1+\frac{\mu\lambda_1-\kappa}{\sqrt{l}\lambda_2}\right)|\boldsymbol{F}q_\tau(\overline{y})|_1|\boldsymbol{N}\boldsymbol{\rho}\nu(t)|_\infty \\
&+2\left(1+\frac{\mu\lambda_1-\kappa}{\sqrt{l}\lambda_2}\right)\left[\sum_{i=1}^{m}|\boldsymbol{F}q_\tau(\overline{y})|_1|N_i|_1\,\sigma_i\overline{u}_{si}(t)\right. \\
&\left.+|\boldsymbol{F}q_\tau(\overline{y})|_1|\boldsymbol{S}_0\overline{\boldsymbol{B}}_0|_1|\boldsymbol{K}|_1(\varDelta_1\tau_1+\varDelta_2\tau_2)\right]
\end{aligned} \tag{8.40}
$$

考虑到控制律的形式式（8.35），可以得出

$$\left[\boldsymbol{F}q_\tau(\overline{y})\right]^{\mathrm{T}}\boldsymbol{N}\boldsymbol{\rho}\nu(t) = -\left[\boldsymbol{F}q_\tau(\overline{y})\right]^{\mathrm{T}}\boldsymbol{N}\boldsymbol{\rho}\boldsymbol{N}^{\mathrm{T}}\eta\operatorname{sgn}\left[\boldsymbol{F}q_\tau(\overline{y})\right]$$

此外，由引理 2.6 及假设 8.3 可以得出

$$\left[\boldsymbol{F}q_\tau(\overline{y})\right]^{\mathrm{T}}\boldsymbol{N}\boldsymbol{\rho}\nu(t) \leqslant -\mu\lambda_1\eta|\boldsymbol{F}q_\tau(\overline{y})|_1 \tag{8.41}$$

引理 2.6 已经证明，$\boldsymbol{N}\boldsymbol{N}^{\mathrm{T}}$ 和 $\boldsymbol{N}\boldsymbol{\rho}\boldsymbol{N}^{\mathrm{T}}$ 都是正定矩阵。鉴于 $\boldsymbol{\rho}\leqslant\boldsymbol{I}$，可以得出

$$\left|\boldsymbol{N}\boldsymbol{\rho}\nu(t)\right|_\infty = \left|\boldsymbol{N}\boldsymbol{\rho}\boldsymbol{N}^{\mathrm{T}}\eta\operatorname{sgn}\left[\boldsymbol{F}q_\tau(\overline{y})\right]\right|_\infty \leqslant \eta\left|\boldsymbol{N}\boldsymbol{\rho}\boldsymbol{N}^{\mathrm{T}}\right|_\infty \leqslant \eta\left|\boldsymbol{N}\boldsymbol{N}^{\mathrm{T}}\right|_\infty \tag{8.42}$$

由矩阵 L_2 范数和 L_∞ 范数的关系，即 $|\boldsymbol{N}\boldsymbol{N}^{\mathrm{T}}|_\infty\leqslant\sqrt{l}|\boldsymbol{N}\boldsymbol{N}^{\mathrm{T}}|_2$，式（8.42）变为

$$|\boldsymbol{N}\boldsymbol{\rho}\nu(t)|_\infty \leqslant \eta\sqrt{l}|\boldsymbol{N}\boldsymbol{N}^{\mathrm{T}}|_2 = \eta\sqrt{l}\lambda_2 \tag{8.43}$$

式中，λ_2 由引理 8.3 给出。

将式（8.41）、式（8.43）代入式（8.40）中可以得到

$$
\begin{aligned}
&\dot{V}_1 + z^{\mathrm{T}}(t)z(t) - \gamma^2 w^{\mathrm{T}}(t)w(t) \\
&\leqslant -2\kappa\eta(\overline{y},t)|\boldsymbol{F}e_\tau(\overline{y})|_1 + 2\left(1+\frac{\mu\lambda_1-\kappa}{\sqrt{l}\lambda_2}\right)\left[\sum_{i=1}^{m}|\boldsymbol{F}q_\tau(\overline{y})|_1|N_i|_1\,\sigma_i\overline{u}_{si}(t)\right. \\
&\left.+|\boldsymbol{F}q_\tau(\overline{y})|_1|\boldsymbol{S}_0\overline{\boldsymbol{B}}\boldsymbol{K}|_\infty(\varDelta_1\tau_1+\varDelta_2\tau_2)\right]
\end{aligned} \tag{8.44}
$$

将自适应误差式（8.34）代入式（8.44）中可以得到下面不等式：

$$
\begin{aligned}
&\dot{V}_1 + z^{\mathrm{T}}(t)z(t) - \gamma^2 w^{\mathrm{T}}(t)w(t) \\
&\leqslant -2\kappa\eta(\overline{y},t)|\boldsymbol{F}e_\tau(\overline{y})|_1 + 2\left(1+\frac{\mu\lambda_1-\kappa}{\sqrt{l}\lambda_2}\right)\left[\sum_{i=1}^{m}|\boldsymbol{F}q_\tau(\overline{y})|_1|N_i|_1\,\hat{\sigma}_i\hat{\overline{u}}_{si}(t)\right. \\
&-\sum_{i=1}^{m}|\boldsymbol{F}q_\tau(\overline{y})|_1|\boldsymbol{N}_i|_1\,\tilde{\sigma}_i\hat{\overline{u}}_{si}(t) - \sum_{i=1}^{m}|\boldsymbol{F}q_\tau(\overline{y})|_1|N_i|_1\,\sigma_i\tilde{\overline{u}}_{si}(t) \\
&\left.+|\boldsymbol{F}q_\tau(\overline{y})|_1|\boldsymbol{S}_0\overline{\boldsymbol{B}}\boldsymbol{K}|_\infty(\varDelta_1\tau_1+\varDelta_2\tau_2)\right]
\end{aligned} \tag{8.45}
$$

如果选择$\nu=(\overline{y},t)$为式（8.36）的形式，则式（8.45）变为

$$\begin{aligned}&\dot{V}_1+z^{\mathrm{T}}(t)z(t)-\gamma^2 w^{\mathrm{T}}(t)w(t)\\&\leqslant -2\varepsilon|\boldsymbol{F}e_\tau(\overline{y})|_1-2\left(1+\frac{\mu\lambda_1-\kappa}{\sqrt{l}\lambda_2}\right)\left[\sum_{i=1}^{m}|\boldsymbol{F}q_\tau(\overline{y})|_1|N_i|_1\tilde{\sigma}_i\hat{\overline{u}}_{si}(t)\right.\\&\left.\quad+\sum_{i=1}^{m}|\boldsymbol{F}q_\tau(\overline{y})|_1|N_i|_1\sigma_i\tilde{\overline{u}}_{si}(t)\right]\end{aligned}$$

采用式（8.33）中的自适应律，可以得到下式

$$\dot{V}+z^{\mathrm{T}}(t)z(t)-\gamma^2 w^{\mathrm{T}}(t)w(t)<-\varepsilon|\boldsymbol{F}q_\tau(\overline{y})|_1$$

由于对于所有的$f\in R,g\in R$，不等式$|f+g|_1\leqslant|f|_1+|g|_1$都成立，结合式（8.29）可以得出

$$|\boldsymbol{F}\overline{y}|_1=|\boldsymbol{F}q_\tau(\overline{y})-\boldsymbol{F}e_\tau(\overline{y})|_1\leqslant|\boldsymbol{F}q_\tau(\overline{y})|_1+|\boldsymbol{F}e_\tau(\overline{y})|_1\leqslant\left(1+\frac{\mu\lambda_1-\kappa}{\sqrt{l}\lambda_2}\right)|\boldsymbol{F}e_\tau(\overline{y})|_1$$

进一步整理得

$$|\boldsymbol{F}e_\tau(\overline{y})|_1\leqslant\frac{\sqrt{l}\lambda_2}{\sqrt{l}\lambda_2+\mu\lambda_1-\kappa}|\boldsymbol{F}\overline{y}|_1$$

由于对于所有的$f\in R,g\in R$，$|f|_1\geqslant|g|_1$成立，可以得出$|\boldsymbol{F}\overline{y}|_1\geqslant|\boldsymbol{F}\overline{y}|_2=|\alpha(\overline{y})|_2$。基于此，可以得到

$$\begin{aligned}\dot{V}+z^{\mathrm{T}}(t)z(t)-\gamma^2 w^{\mathrm{T}}(t)w(t)&<-\frac{\sqrt{l}\lambda_2\varepsilon}{\sqrt{l}\lambda_2+\mu\lambda_1-\kappa}|\boldsymbol{F}\overline{y}|_1\\&\leqslant-\frac{\sqrt{l}\lambda_2\varepsilon}{\sqrt{l}\lambda_2+\mu\lambda_1-\kappa}|\alpha(\overline{y})|_2<0\end{aligned}\tag{8.46}$$

这意味着$V(\alpha,\tilde{\overline{u}}_{\mathrm{s}},\tilde{\sigma})$是一个非增函数，可以得出

$$V(\alpha,\tilde{\overline{u}}_{\mathrm{s}},\tilde{\overline{w}})<V\left[\alpha(0),\tilde{\overline{u}}_{\mathrm{s}}(0),\tilde{\sigma}(0)\right]\overset{\mathrm{def}}{=}V_0$$

因此，$V(\alpha,\tilde{\overline{u}}_{\mathrm{s}},\tilde{\overline{w}})\in L_\infty$。此外，随着$t\to\infty$，$V$存在极限，即$\lim\limits_{t\to\infty}V(\alpha,\tilde{\overline{u}}_{\mathrm{s}},\tilde{\sigma})=V_\infty$，并对式（8.46）两边从0到$\infty$积分可以得到

$$V(\infty)-V(0)+\int_0^\infty z^{\mathrm{T}}(t)z(t)\mathrm{d}t\leqslant\gamma_0^2\int_0^\infty w^{\mathrm{T}}(t)w(t)\mathrm{d}t\tag{8.47}$$

因此，由式（8.47）可以得出

$$\int_0^\infty z^{\mathrm{T}}(t)z(t)\mathrm{d}t\leqslant\gamma_0^2\int_0^\infty w^{\mathrm{T}}(t)w(t)\mathrm{d}t+\xi^{\mathrm{T}}(0)\boldsymbol{P}\xi(0)+\sum_{i=1}^{m}\frac{\sigma_i\tilde{\overline{u}}_{si}^2(0)}{\gamma_{1i}}+\sum_{i=1}^{m}\frac{\tilde{\sigma}_i^2(0)}{\gamma_{2i}}$$

这意味着次优自适应H_∞性能指标不大于γ_0。

此外，如果定义$h=\dfrac{\sqrt{l}\lambda_2\varepsilon}{\sqrt{l}\lambda_2+\mu\lambda_1-\kappa}|\alpha(\overline{y})|_2$，对式（8.46）从0到$t$两边积分，

可以得到

$$V(t)-V_0+\int_0^{\infty} z^{\mathrm{T}}(t)z(t)\mathrm{d}t-\gamma_0^2\int_0^{\infty} w^{\mathrm{T}}(t)w(t)\mathrm{d}t \leqslant -\int_0^t h\mathrm{d}t$$

随着 $t\to\infty$，对式（8.47）两边取极限，可以得出

$$\lim_{t\to\infty}\int_0^t h\mathrm{d}t \leqslant V_0-V_{\infty}-\int_0^{\infty} z^{\mathrm{T}}(t)z(t)\mathrm{d}t+\gamma_0^2\int_0^{\infty} w^{\mathrm{T}}(t)w(t)\mathrm{d}t<\infty \tag{8.48}$$

因此，$\alpha(\bar{y})\in L_2\cap L_{\infty}$ 是一个一致连续函数，并对式（8.48）运用引理 2.1，同时注意式（8.28）的限制，可以得出，在某一时刻，闭环系统的状态轨迹将在有限时间内进入带状区域

$$\mathbb{S}=\left\{\bar{y}:|\boldsymbol{F}\bar{y}|_1\leqslant\frac{\lambda_1+\sqrt{l}\lambda_2}{\mu\lambda_1-\kappa}|\boldsymbol{F}|_1(\omega\varDelta_1+\varDelta_2)\tau_2(1+\varepsilon_0)\right\}$$

第二步：接下来，将证明系统状态在带状区域 $\mathbb{S}$ 里时将在量化参数 $\tau_2(t)$ 的调节下进入球域 $\mathbb{S}_1=\{\xi(t)\,|\,|\xi(t)|_2\leqslant \boldsymbol{g}\tau_2(t_0)\}$，并进一步渐近趋于原点。

一旦系统的状态进入 $\mathbb{S}$，可得

$$\alpha(\bar{y})=\boldsymbol{S}\xi(t)=\psi(t)\frac{\lambda_1+\sqrt{l}\lambda_2}{\mu\lambda_1-\kappa}|\boldsymbol{F}|_1(\omega\varDelta_1+\varDelta_2)\tau_2(t_0)(1+\varepsilon_0) \tag{8.49}$$

式中，$0\leqslant\psi(t)<1$。

结合降阶系统式（8.18）和式（8.49）可以得出

$$\dot{\zeta}_1(t)=\boldsymbol{A}_{11}\zeta_1(t)+\boldsymbol{A}_{12}\psi(t)\frac{\lambda_1+\sqrt{l}\lambda_2}{\mu\lambda_1-\kappa}|\boldsymbol{S}|_1(\omega\varDelta_1+\varDelta_2)\tau_2(t_0)(1+\varepsilon_0)+\boldsymbol{\Phi}_{\mathrm{g}}\bar{\boldsymbol{B}}_1 w(t)$$

$$z(t)=\bar{\boldsymbol{C}}_1\boldsymbol{P}^{-1}\boldsymbol{\Phi}_0\zeta_1(t)+\bar{\boldsymbol{C}}_1\boldsymbol{B}_{\mathrm{g}}\psi(t)\frac{\lambda_1+\sqrt{l}\lambda_2}{\mu\lambda_1-\kappa}|\boldsymbol{S}|_1(\omega\varDelta_1+\varDelta_2)\tau_2(t_0)(1+\varepsilon_0)$$

式中，$\boldsymbol{A}_{11}=\boldsymbol{\Phi}_{\mathrm{g}}(\bar{\boldsymbol{A}}_{\mathrm{c}}+\bar{\boldsymbol{B}}\boldsymbol{K}\bar{\boldsymbol{C}})\boldsymbol{P}^{-1}\boldsymbol{\Phi}_0$；$\boldsymbol{A}_{12}=\boldsymbol{\Phi}_{\mathrm{g}}(\bar{\boldsymbol{A}}_{\mathrm{c}}+\bar{\boldsymbol{B}}\boldsymbol{K}\bar{\boldsymbol{C}})\boldsymbol{B}_{\mathrm{g}}$。

选择 $V_0(t)=\zeta_1^{\mathrm{T}}(t)\boldsymbol{P}_1\zeta_1(t)$ 为李雅普诺夫函数，则系统沿着降阶系统随着时间的导数为

$$\begin{aligned}
&\dot{V}_0(t)+z^{\mathrm{T}}(t)z(t)-\gamma^2 w^{\mathrm{T}}(t)w(t)\\
&=\zeta_1^{\mathrm{T}}\left[\boldsymbol{P}_1\boldsymbol{A}_{11}+\boldsymbol{A}_{11}^{\mathrm{T}}\boldsymbol{P}_1+\boldsymbol{P}_1\boldsymbol{\Phi}_{\mathrm{g}}\bar{\boldsymbol{B}}_1\bar{\boldsymbol{B}}_1^{\mathrm{T}}\boldsymbol{\Phi}_{\mathrm{g}}^{\mathrm{T}}\boldsymbol{P}_1+\boldsymbol{\Phi}_0^{\mathrm{T}}\boldsymbol{P}^{-1}\bar{\boldsymbol{C}}_1^{\mathrm{T}}\bar{\boldsymbol{C}}_1\boldsymbol{P}^{-1}\boldsymbol{\Phi}_0\right]\zeta_1\\
&+2\zeta_1^{\mathrm{T}}\boldsymbol{P}_1\boldsymbol{A}_{12}\psi(t)\frac{\lambda_1+\sqrt{l}\lambda_2}{\mu\lambda_1-\kappa}|\boldsymbol{S}|_1(\omega\varDelta_1+\varDelta_2)\tau_2(t_0)(1+\varepsilon_0)\\
&+\left[\psi(t)\frac{\lambda_1+\sqrt{l}\lambda_2}{\mu\lambda_1-\kappa}|\boldsymbol{S}|_1(\omega\varDelta_1+\varDelta_2)\tau_2(t_0)(1+\varepsilon_0)\right]^{\mathrm{T}}\boldsymbol{B}_{\mathrm{g}}^{\mathrm{T}}\bar{\boldsymbol{C}}_1^{\mathrm{T}}\\
&+\bar{\boldsymbol{C}}_1\boldsymbol{B}_{\mathrm{g}}\psi(t)\frac{\lambda_1+\sqrt{l}\lambda_2}{\mu\lambda_1-\kappa}|\boldsymbol{S}|_1(\omega\varDelta_1+\varDelta_2)\tau_2(t_0)(1+\varepsilon_0)
\end{aligned} \tag{8.50}$$

在定理 8.1 中已经证明过，令 $P_1 = \Phi_0^{\mathrm{T}} P^{-1} \Phi_0$，可以得到

$$\zeta_1^{\mathrm{T}}(P_1 A_{11} + A_{11}^{\mathrm{T}} P_1 + P_1 \Phi_{\mathrm{g}} \bar{B}_1 \bar{B}_1^{\mathrm{T}} \Phi_{\mathrm{g}}^{\mathrm{T}} P_1 + \Phi_0^{\mathrm{T}} P^{-1} \bar{C}_1^{\mathrm{T}} \bar{C}_1 P^{-1} \Phi_0)\zeta_1 \leqslant -\zeta_1^{\mathrm{T}} Q \zeta_1$$

则式（8.50）变为

$$\begin{aligned}
&\dot{V}_0(t) + z^{\mathrm{T}}(t)z(t) - \gamma^2 w^{\mathrm{T}}(t)w(t)\\
&\leqslant -\lambda_{\min}(Q)|\zeta_1|_2^2 + 2|\zeta_1|_2 |P_1 A_{12}|_2\, \psi(t)\frac{\lambda_1 + \sqrt{l}\lambda_2}{\mu\lambda_1 - \kappa}|F|_1(\omega\Delta_1 + \Delta_2)\tau_2(t_0)(1+\varepsilon_0)\\
&\quad + |\bar{C}_1 B_{\mathrm{g}}|_2^2\left[\psi(t)\frac{\lambda_1 + \sqrt{l}\lambda_2}{\mu\lambda_1 - \kappa}|F|_1(\omega\Delta_1 + \Delta_2)\tau_2(t_0)(1+\varepsilon_0)^2\right]
\end{aligned}$$

式中，$\lambda_{\min}(Q)$ 是正定矩阵 Q 的最小特征值。则经过一段时间，当 $t \geqslant t' > t_0$，$\zeta_1(t)$ 会进入

$$\mathbb{S}_0 = \left\{\zeta_1(t) \middle| |\zeta_1(t)|_2 \leqslant \frac{\chi}{\lambda_{\min}(Q)}|\psi(t)|_2 \frac{\lambda_1 + \sqrt{l}\lambda_2}{\mu\lambda_1 - \kappa}|F|_1(\omega\Delta_1 + \Delta_2)\tau_2(t_0)(1+\varepsilon_0)(1+\varepsilon_1)\right\}$$

式中，$\chi = \max\left\{\dfrac{|\bar{C}_1 B_g|_2}{b}, \dfrac{2|P_1 A_{12}|_2}{a}\right\}$，$a > 0, b > 0, a + b = 1$；$\varepsilon_1 > 0$ 是一个任意的小标量。

由于 $0 \leqslant \Psi(t) < 1$，可以得出

$$\begin{aligned}
|\alpha(\bar{y})|_2 &= \left|\psi(t)\frac{\lambda_1 + \sqrt{l}\lambda_2}{\mu\lambda_1 - \kappa}|F|_1(\omega\Delta_1 + \Delta_2)\tau_2(t_0)(1+\varepsilon_0)\right|_2\\
&\leqslant \frac{\lambda_1 + \sqrt{l}\lambda_2}{\mu\lambda_1 - \kappa}|F|_1(\omega\Delta_1 + \Delta_2)\tau_2(t_0)(1+\varepsilon_0)
\end{aligned}$$

很容易可以得到

$$\begin{aligned}
|\zeta(t)|_2 &= \left[\zeta_1^{\mathrm{T}}(t)\zeta_1(t) + \alpha^{\mathrm{T}}(\bar{y})\alpha(\bar{y})\right]^{\frac{1}{2}}\\
&\leqslant |\zeta_1|_2 + |\alpha(\bar{y})|_2\\
&= \frac{\chi}{\lambda_{\min}(Q)}|\psi(t)|_2 \frac{\lambda_1 + \sqrt{l}\lambda_2}{\mu\lambda_1 - \kappa}|F|_1(\omega\Delta_1 + \Delta_2)\tau_2(t_0)(1+\varepsilon_0)(1+\varepsilon_1)\\
&\quad + \frac{\lambda_1 + \sqrt{l}\lambda_2}{\mu\lambda_1 - \kappa}|F|_1(\omega\Delta_1 + \Delta_2)\tau_2(t_0)(1+\varepsilon_0)\\
&\leqslant \frac{\lambda_1 + \sqrt{l}\lambda_2}{\mu\lambda_1 - \kappa}|F|_1(\omega\Delta_1 + \Delta_2)\tau_2(t_0)(1+\varepsilon_0)\left[\frac{\chi}{\lambda_{\min}(Q)}(1+\varepsilon_1) + 1\right]
\end{aligned}$$

定义 $H = \dfrac{\lambda_1 + \sqrt{l}\lambda_2}{\mu\lambda_1 - \kappa}|F|_1(1+\varepsilon_0)\left[\dfrac{\chi}{\lambda_{\min}(Q)}(1+\varepsilon_1) + 1\right]$，可以得到

$$\left|\zeta(t')\right|_2 \leqslant H(\omega\Delta_1+\Delta_2)\tau_2(t_0),\quad t \geqslant t' > t_0$$

由此可以得到

$$\begin{aligned}|q_{\tau(t_0)}(\bar{y})|_2 &\leqslant |\bar{y}|_2 + |e_{\tau(t_0)}(\bar{y})|_2\\ &\leqslant |\bar{\boldsymbol{C}}|_2\ H(\omega\Delta_1+\Delta_2)\tau_2(t_0)+(\omega\Delta_1+\Delta_2)\tau_2(t_0),\quad t\geqslant t'>t_0\end{aligned}$$

这意味着

$$\left|q\left[\frac{\bar{y}(t)}{\tau_2(t_0)}\right]\right|_2 \leqslant |\bar{\boldsymbol{C}}|_2\ H(\omega\Delta_1+\Delta_2)+(\omega\Delta_1+\Delta_2),\quad t\geqslant t'>t_0$$

由于$q\left[\dfrac{\bar{y}(t)}{\tau_2(t_0)}\right]$能够在通信通道两侧获得，可以得出

$$\left|\xi(t)\right|_2 \leqslant \left|\bar{\boldsymbol{C}}\right|_2 H(\omega\Delta_1+\Delta_2)+2(\omega\Delta_1+\Delta_2)\tau_2(t_0),\quad t\geqslant t'>t_0$$

记$g=(|\bar{\boldsymbol{C}}|_2\ H+2)(\omega\Delta_1+\Delta_2)$，可以得出

$$|\xi(t)|_2 \leqslant g\tau_2(t_0),\quad t\geqslant t'>t_0$$

执行量化参数$\tau_1(t_0)$和$\tau_2(t_0)$的调节策略，令$\tau_2(t_1)=O\tau_2(t_0)$。其中，$0=t_0<t_1$；$\tau_1(t_1)=\omega\tau_2(t_1)$；$O$ 是一给定的参数并且满足$\dfrac{1}{g}<O<1$。则可以得到系统的状态轨迹将在有限时间内进入$\mathcal{S}=\left\{\bar{y}:|\boldsymbol{F}\bar{y}|_1\leqslant\dfrac{\lambda_1+\sqrt{l}\lambda_2}{\mu\lambda_1-\kappa}|\boldsymbol{F}|_1(\omega\Delta_1+\Delta_2)\tau_2(1+\varepsilon_0)\right\}$。

反复执行上述操作，可以得到随着$\tau_2\to 0$和$\tau_1\to 0$，$\left|\boldsymbol{F}\bar{y}\right|_1\to 0$，$\bar{y}\to 0$。

证毕。

当$\mu=1,\kappa=0,\dfrac{\sqrt{l}\lambda_2}{\lambda_1}=\beta$时，引理 8.3 退化到文献[235]中的结果，即在执行器正常运行时，如果不等式$\tau_2<\dfrac{|\boldsymbol{F}\ \bar{y}|_1}{(\beta+1)|\boldsymbol{F}|_1(\omega\Delta_1+\Delta_2)}$，$\tau_1=\omega\tau_1$成立，则$|\boldsymbol{F}e_\tau(\bar{y})|<\left|\dfrac{1}{\beta}\right|\boldsymbol{F}q_\tau(\bar{y})$成立。实际上，在上述结果中，如果参数$\beta$选为$\dfrac{\sqrt{l}\lambda_2}{\mu\lambda_1}$，也可以用于解决容错问题，但是值得注意的是，量化参数的调节范围依赖于故障信息的下界值μ。为了减小保守性，本章设计参数β为$\dfrac{\sqrt{l}\lambda_2}{\mu\lambda_1-\kappa}$，其中，$\lambda_1=\zeta^2\lambda_{10}$。很明显，可调标量$\zeta$和$\kappa$的引入在调整量化参数范围时提供了很大的灵活性。

8.4 仿真算例

为证明本章所提方法的有效性，将所提的方法运用到 B747-100/200 飞行器模型中，其中技术数据及微分方程由文献[223]和文献[236]提供。为了便于设计，只保留前四个状态，分别是倾斜角（rad/s）、空速（m/s）、攻击角（rad），以及俯仰角（rad）。输入分别为升降舵偏转角、总推力、水平尾翼。系统参数如下所示：

$$\boldsymbol{A}=\begin{bmatrix} -2.98 & 0.93 & 0 & -0.0340 \\ -0.99 & -0.21 & 0.035 & -0.0011 \\ 0 & 0 & -2 & 1 \\ 0.39 & -5.555 & 0 & -1.89 \end{bmatrix}$$

$$\boldsymbol{B}_2=\begin{bmatrix} -0.032 & 0.5 & 1.55 \\ 0 & 0 & 0 \\ 0 & 0 & 0 \\ -1.6 & 1.8 & -2 \end{bmatrix}$$

$$\boldsymbol{C}=\begin{bmatrix} 1 & 0 & 0 & 0 \\ 0 & 1 & 1 & 1 \end{bmatrix}$$

$$D=\begin{bmatrix} 1 \\ 0 \\ 0 \\ 0 \end{bmatrix}$$

以及 $E=\begin{bmatrix} 0 & 1 & 0 & 0 \end{bmatrix}$； $F(t)=0.1\sin(2\pi t)$ 。

不难验证 $(\boldsymbol{A},\boldsymbol{B}_2,\boldsymbol{C})$ 是最小相位的，并且满足 $\operatorname{rank}[\boldsymbol{C}\boldsymbol{B}_2]=\operatorname{rank}[\boldsymbol{B}_2]$ 。注意到 $p<m$ ，因此文献[208]、[229]、[230]、[232]中设计的滑模输出反馈控制器不可行。令 $\boldsymbol{C}_1=\boldsymbol{C}$ ， $\boldsymbol{B}_1=\boldsymbol{I}$ 。在仿真中，选择 $\boldsymbol{B}_{2\mathrm{v}}=\begin{bmatrix} -0.032 & 0 & 0 & -1.6 \\ 0.5 & 0 & 0 & 1.8 \end{bmatrix}^{\mathrm{T}}$ ，对于给定矩阵 $\boldsymbol{B}_{2\mathrm{v}}^{\mathrm{T}}$ ，其零空间的一个基是 $\begin{bmatrix} 0 & 0 & 1 & 0 \\ 0 & 1 & 0 & 0 \end{bmatrix}^{\mathrm{T}}$ ，因此可以定义 $\boldsymbol{\Phi}^{\mathrm{T}}=\begin{bmatrix} 0 & 0 & 1 & 0 \\ 0 & 1 & 0 & 0 \end{bmatrix}$ ，相应的矩阵 $\boldsymbol{N}=\begin{bmatrix} 1 & 0 & 5.1051 \\ 0 & 1 & 3.4267 \end{bmatrix}$ 。通过计算，可以得到 $\boldsymbol{\Theta}^{\mathrm{T}}=\begin{bmatrix} 0 & -0.5774 & 0.7887 & -0.2113 \\ 0 & -0.5774 & -0.2113 & 0.7887 \end{bmatrix}$ 。求解线性矩阵不等式式（8.20）～式（8.22）可以得出 $\varepsilon_0=26.7340$ ，次优性能指标 $\gamma_0=2.7$ ，并且由式（8.24）可以得出正定矩阵 $\boldsymbol{P}$ 为

$$
\boldsymbol{P}=\begin{bmatrix}
25.8801 & -0.0270 & -0.0270 & -0.0270 & 5.0835 & 0 & 0 & 0\\
-0.0270 & 9.8745 & 10.8045 & 8.2065 & -0.0050 & 3.1278 & 0 & 0\\
-0.0270 & 8.2065 & 8.2065 & 8.2065 & -0.0051 & 3.4342 & 2.0803 & 0\\
-0.0270 & 0 & 0 & 8.2065 & -0.0053 & 2.6117 & -0.3805 & 1.0944\\
5.0835 & -0.0050 & -0.0051 & -0.0053 & 1 & 0 & 0 & 0\\
0 & 3.1278 & 3.4342 & 2.6117 & 0 & 1 & 0 & 0\\
0 & 0 & 2.0803 & -0.3805 & 0 & 0 & 1 & 0\\
0 & 0 & 0 & 1.0944 & 0 & 0 & 0 & 1
\end{bmatrix}
$$

最后求得增益矩阵如下所示：

$$
\boldsymbol{A}_k=\begin{bmatrix}
-121.4112 & -27.3911 & 5.9188 & -20.7276\\
-9.4740 & -233.5684 & 69.6996 & -109.6826\\
3.6833 & 28.6262 & -11.9306 & 15.3709\\
1.3837 & -111.1597 & 32.4544 & -52.7347
\end{bmatrix}
$$

$$
\boldsymbol{B}_k=\begin{bmatrix}
-587.1981 & -52.4627\\
-24.4939 & -436.5172\\
15.6977 & 46.2599\\
15.6755 & -224.6177
\end{bmatrix}
$$

$$
\boldsymbol{C}_k=\begin{bmatrix}
2.8681 & 160.0623 & -17.0512 & 61.9771\\
-86.7930 & -168.2459 & 21.1826 & -67.6943\\
-133.2857 & 101.3344 & -14.3149 & 42.1665
\end{bmatrix}
$$

$$
\boldsymbol{D}_k=\begin{bmatrix}
18.6003 & 558.8651\\
-446.4686 & -557.9353\\
-679.9331 & 323.1077
\end{bmatrix}
$$

相应地，有

$$
\boldsymbol{F}=\begin{bmatrix}
-0.1962 & -3.2824 & -0.0385 & -1.0447 & 0.1522 & -0.4378\\
3.2229 & 3.6896 & 0.6330 & 1.1753 & -0.1712 & 0.4925
\end{bmatrix}
$$

在仿真中选择如下的参数及初始条件：$x_1(0)=0.5$，$x_2(0)=-0.1$，$x_3(0)=0.2$，$x_4(0)=-1.5$，$\hat{\hat{u}}_{s1}(0)=\hat{\hat{u}}_{s2}(0)=\hat{\hat{u}}_{s3}(0)=0.01$，$\hat{\sigma}_1(0)=\hat{\sigma}_2(0)=\hat{\sigma}_3(0)=0$，$\gamma=1$，$\gamma_{11}=\gamma_{12}=\gamma_{13}=0.1$，$\gamma_{21}=\gamma_{22}=\gamma_{23}$。考虑的扰动 $w(t)$ 为

$$
w(t)=\begin{bmatrix}\sin(2t) & -1 & 0 & 0\end{bmatrix}^{\mathrm{T}},\quad 10<t<15
$$

对于动态量化器，可求得 $g=2822.5$，$O=0.5004$。为减小抖震现象，$\mathrm{sgn}(\alpha)$ 由连续近似 $\dfrac{\alpha}{\|\alpha\|+0.001}$ 替代。仿真中考虑如下故障情形：当 $t<10\mathrm{s}$ 时，所有的执

行器均正常运行；当 $t=10\text{s}$ 时，第三个执行器卡死在 $u_{si}(t)=0.01+0.01\cos(t)$ 值上，第一个执行器开始失效直至 20%。用本章所提方法得出的仿真结果和用文献[235]所提方法得出的仿真结果如图 8.2～图 8.6 所示。状态和滑模函数响应曲线分别如图 8.2 和图 8.3 所示。用本章的方法得出的响应曲线是渐近稳定的，而用文献[235]的方法得出的曲线震荡。图 8.4 和图 8.5 表明估计信号 σ 和 $\overline{u}_s$ 用本章的方法可以保证是稳定的，而用文献[235]中的方法则不能保证。图 8.4 和图 8.5 表明，所有的估计信号不必估计到真值。图 8.6 是量化参数 τ_2 的响应曲线对比图，很明显，用本章方法得出的量化参数曲线最后收敛到零，而用文献[235]的方法却不能收敛到零。

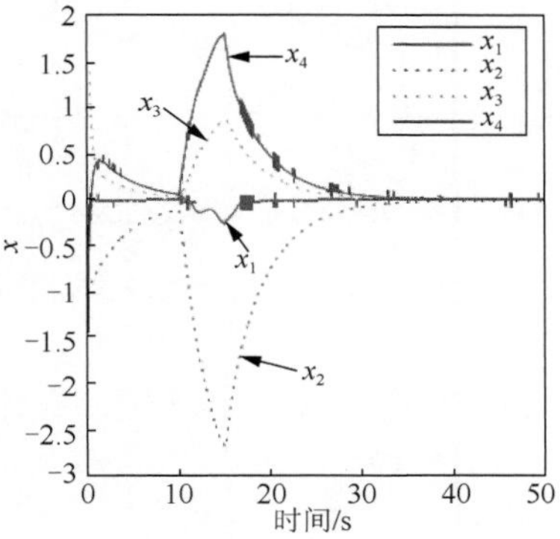

（a）本章方法状态响应曲线图

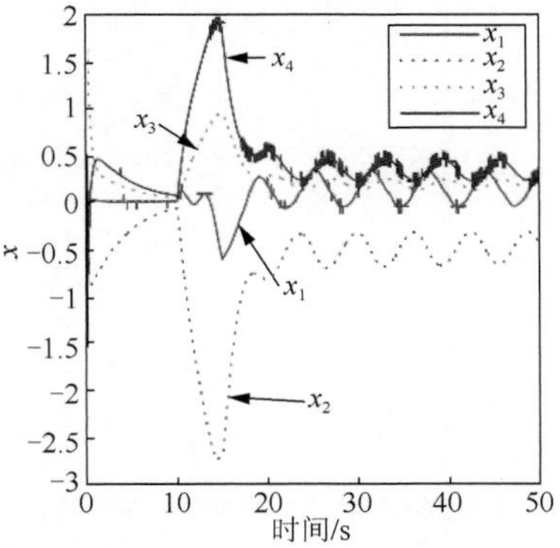

（b）文献[235]方法状态响应曲线图

图 8.2　本章方法与文献[235]方法得到的系统状态响应曲线对比图

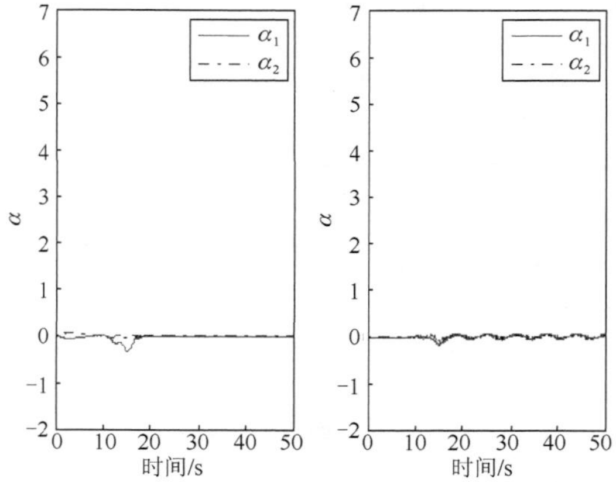

（a）本章方法滑模函数响应曲线图　（b）文献[235]方法滑模函数响应曲线图

图 8.3　本章方法与文献[235]方法得到的滑模函数响应曲线对比图

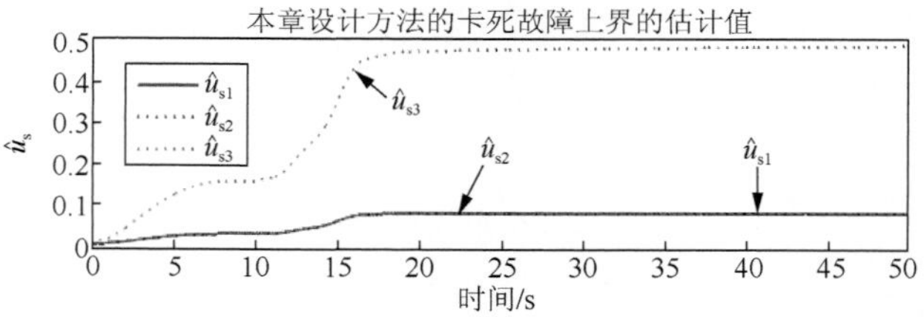

（a）本章方法得到的参数 $\overline{u}_s$ 的估计曲线图

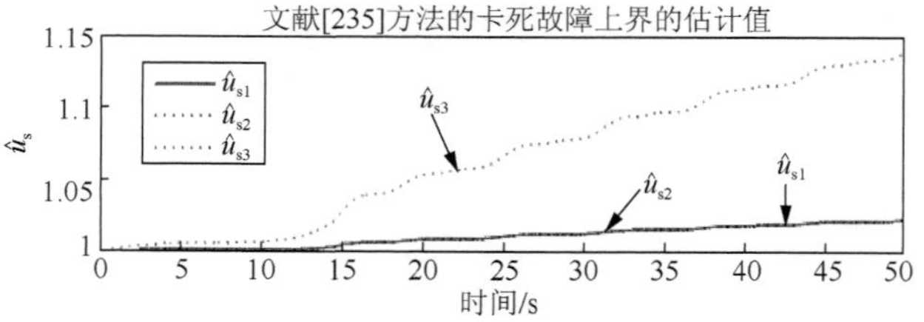

（b）文献[235]方法得到的参数 $\overline{u}_s$ 的估计曲线图

图 8.4　本章方法与文献[235]方法得到的参数 $\overline{u}_s$ 的估计曲线对比图

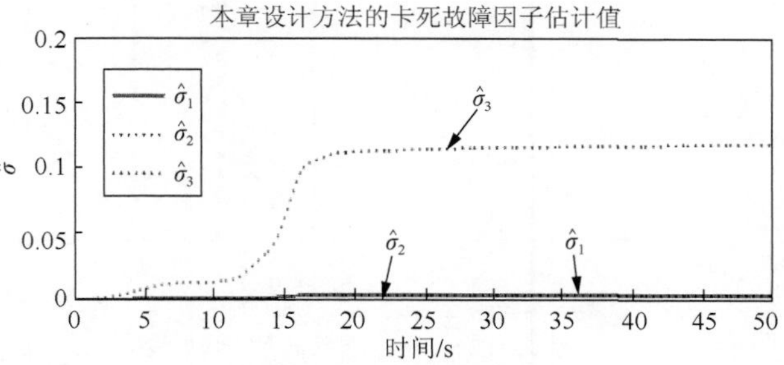

（a）本章方法得到的参数 σ 的估计曲线图

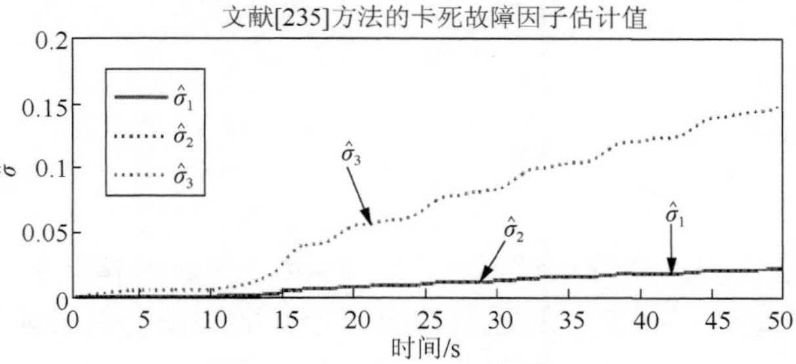

（b）文献[235]方法得到的参数 σ 的估计曲线图

图 8.5　本章方法与文献[235]方法得到的参数 σ 的估计曲线对比图

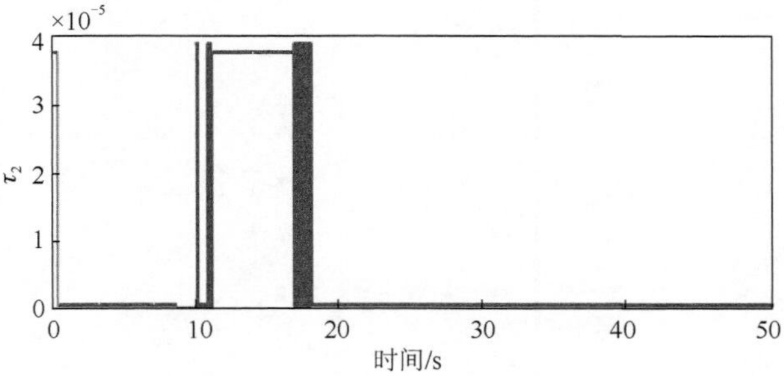

（a）本章方法得到的参数 τ_2 的响应曲线图

图 8.6　本章方法与文献[235]方法得到的参数 τ_2 的响应曲线对比图

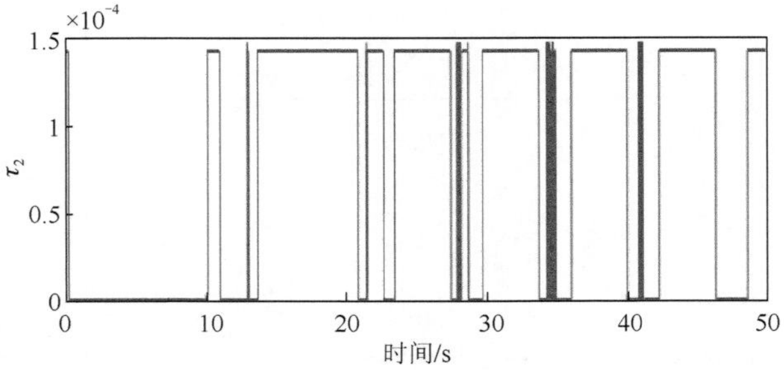

（b）文献[235]方法得到的参数 τ_2 的响应曲线图

图 8.6　本章方法与文献[235]方法得到的参数 τ_2 的响应曲线对比图（续）

8.5　本章小结

本章针对测量输出和补偿器状态信号经过传输通道量化的线性不确定系统的鲁棒容错问题进行了研究。通过带有灵活参数的矩阵分解技术的引入，构造滑模面并设计量化调节策略。本章充分考虑故障信息，给出了动态量化调节范围。本章设计出的滑模变结构控制器的非线性切换增益由自适应信号在线更新，并且根据滑模理论，保证设计出的滑模变结构控制器能够使闭环系统在有执行器故障和量化现象的情况下仍然渐近稳定。

参考文献

[1] Kalman R E. Nonlinear aspects of sampled-data control systems. Proc. of the Symposium on Nonlinear Circuit Theory. New York: Polytechnic Press, 1956.

[2] Roberts L G. Picture coding using psedudo-random noise. IRE Transactions on Information Theory, 1962, IT-8: 145-154.

[3] Damgaard O H, Hüffel H. Stochastic quantization. Physics Reports (Review Section of Physics Letters), 1987, 152(5-6): 227-398.

[4] Delchamps D F. Stabilizing a linear system with quantized state feedback. IEEE Transactions on Automatic Control, 1990, 35(8): 916-924.

[5] Brockett R W, Liberzon D. Quantized feedback stabilization of linear system. IEEE Transations on Automatic Control, 2000, 45(7): 1279-1289.

[6] Liberzon D. Hybrid feedback stabilization of systems with quantized signals. Automatica, 2003, 39(9): 1543-1554.

[7] Elia N, Mitter S K. Stabilization of linear systems with limited information. IEEE Transations on Automatic Control, 2001, 46(9): 1384-1400.

[8] Fu M, Xie L. The sector bound approach to quantized feedback control. IEEE Transactions on Automatic Control, 2005, 50(11): 1698-1711.

[9] Fu M, Xie L. Finite-level quantized feedback control for linear systems. IEEE Transactions on Automatic Control, 2009, 54(5): 1165-1170.

[10] Ling Q, Lemmon M D. Stability of quantized control systems under dynamic bit assignment. IEEE Transactions on Automatic Control, 2005, 50(5): 734-740.

[11] Ling Q, Lemmon M D. A necessary and sufficient feedback dropout condition to stabilize quantized linear control systems with bounded noise. IEEE Transactions on Automatic Control, 2010, 55(11): 2590-2596.

[12] 谢林柏, 纪志成, 赵惟一. 基于状态观测的量化系统稳定性分析. 控制理论与应用, 2007, 24(4): 1207-1213.

[13] Zhang J, Lam J, Xia Y. Observer-based output feedback control for discrete systems with quantisedinputs. IET Control Theory and Applications, 2011, 5(3):478-485.

[14] Nair G N, Evans R J. Exponential stabilizability of finite-dimensional linear systems with limited data rates. Automatica, 2003, 39(4): 585-593.

[15] Gurt A, Nair G N. Internal stability of dynamic quantised control for stochastic linear plants. Automatica, 2009, 45(6): 1387-1396.

[16] Haimovich H, Seron M M. Multivariable quadratically stabilizing quantizers with finite density. Automatica, 2008, 44(7): 1880-1885.

[17] Fagnani F, Zampieri S. Quantized stabilization of linear systems: complexity versus performance. IEEE Transactions on Automatic Control, 2004, 49(9): 1534-1548.

[18] Liu J, Elia N. Quantized feedback stabilization of non-linear affine systems. International Journal of Control, 2004, 77(3): 239-249.

[19] De Persis C. Nonlinear stabilizability via encoded feedback: the case of integral ISS systems. Automatica, 2006, 42: 1813-1816.

[20] Ceragioli F, De Persis C. Discontinuous stabilization of nonlinear systems: quantized and switching controls. Systems & Control Letters, 2007, 56: 461-473.

[21] De Persis C. Robust stabilization of nonlinear systems by quantized and ternary control. Systems & Control Letters, 2009, 58(8): 602-609.

[22] De Persis C, Isidori A. Stabilizability by state feedback implies stabilizability by encoded state feedback. Systems & Control Letters, 2004, 53(3-4): 249-258.

[23] Ishii H, Francis B A. Quadratic stabilization of sampled-data systems with quantization. Automatica, 2003, 39(10): 1793-1800.

[24] Haimovich H, Kofman E, Seron M M. Systematic ultimate bound computation for sampled-data systems with quantization. Automatica, 2007, 43(6): 1117-1123.

[25] Ishii H, Basar T, Tempo R. Randomized algorithms for quadratic stability of quantized sampled-data systems. Automatica, 2004, 40: 839-846.

[26] Li K, Baillieul J. Robust and efficient quantiation and coding for control of multi-dimensional linear systems under data rate constraints. International Journal of Robust and Nonlinear Control, 2007, 17: 898-920.

[27] Chen N, Zhai G, Gui W, et al. Decentralised H_∞ quantisers design for uncertain interconnected networked systems. IET Control Theory and Applications, 2010, 4(2): 177-185.

[28] Tian E, Yue D, Zhao X. Quantised control design for networked control systems. IET Control Theory and Applications, 2007, 1(6): 1693-1699.

[29] Nešić D, Liberzon D. A unified framework for design and analysis of networked and quantized control systems. IEEE Transactions on Automatic Control, 2009, 54: 732-747.

[30] 褚红燕，费树岷，刘金良，等. 时滞依赖网络控制系统的量化控制：分段时滞法. 控制理论与应用, 2011, 28(4): 575-580.

[31] Ishii H, Tamer B. Romote control of LTI systems over networks with state quantization. Systems & Control Letters, 2005, 54: 15-31.

[32] Peng C, Tian Y C. Networked H_∞ control of linear systems with state quantization. Information Sciences, 2007, 177(24): 5763-5774.

[33] Tian E G, Yue D, Peng C. Quantized output feedback control for networked control systems.

Information Sciences, 2008, 178(12): 2734-2749.

[34] Ishido Y, Takaba K, Quevedo D E. Stability analysis of networked control systems subject to packet-dropouts and finite-level quantization. Systems & Control Letters, 2011, 60(5): 325-332.

[35] Zhang H, Yan H, Yang F, et al. Quantized control design for impulsive fuzzy networked systems. IEEE Transactions on Fuzzy Systems, 2011, 19(6): 1153-1162.

[36] Tsumura K, Ishii H, Hoshina H. Tradeoffs between quantization and packet loss in networked control of linear systems. Automatica, 2009, 45(12): 2963-2970.

[37] Liu M, You J. Observer-based controller design for networked control systems with sensor quantisation and random communication delay. International Journal of Systems Science, 2011: 1-12.

[38] Yan J, Xia Y, Liu B,et al. Stabilisation of quantised linear systems with packet dropout. IET Control Theory and Applocations, 2011, 5(8): 982-989.

[39] You K, Xie L. Minimum data rate for mean square stabilization of discrete LTI systems over lossy channels. IEEE Transactions on Automatic Control, 2010,55(10): 2373-2378.

[40] 车伟伟. 基于 LMI 技术的量化控制系统优化设计.沈阳: 东北大学博士学位论文, 2008.

[41] You K, Xie L. Minimum data rate for mean square stabilitity of linear systems with Markovian packet losses. IEEE Transactions on Automatic Control, 2011,56(4): 772-785.

[42] You K, SuW, Fu M, et al. Attainability of the minimum data rate for stabilization of linear systems via logarithmic quantization. Automatica, 2011, 47(1): 170-176.

[43] Gao H, Chen T. A poly-quadratic approach to quantized feedback systems. Proc. of the 45th IEEE Conference on Decision and Control, 2006: 5495-5500.

[44] Gao H, Chen T. A new approach to quantized feedback control systems. Automatica, 2008, 44(2): 534-542.

[45] Niu Y, Jia T, Wang X, et al. Output feedback control design for NCSs subject to quantization and dropout. Information Sciences, 2009, 179(21): 3804-3813.

[46] Liberzon D, Brockett R W. Nonlinear feedback systems perturbed by noise: steady-state probability distributions and optimal control. IEEE Transactions on Automatic Control, 2000, 45: 1116-1130.

[47] Liberzon D. On stabilization of linear systems with limited information. IEEE Transactions on Automatic Control, 2003, 48(2): 304-307.

[48] Liberzon D. Quantization, time delays, and nonlinear stabilization. IEEE Transactions on Automatic Control, 2006, 51: 1190-1195.

[49] Liberzon D, Nešić D. Input-to-state stabilization of linear systems with quantized state

measurements. IEEE Transactions on Automatic Control, 2007, 52(5): 767-781.

[50] Kameneva T, Nešić D. On l_2 stabilization of linear systems with quantized control. IEEE Transactions on Automatic Control, 2008, 53(1): 399-405.

[51] Liberzon D. Nonlinear control with limited iinformation. Communications in Information and Systems. 2009, 9(1): 41-58.

[52] Yang Z, Hong Y, Jiang Z P, et al. Quantized feedback stabilization of hybrid impulsive control system. Proc. of the 48th IEEE Conference on Decision and Control, 2009: 3903-3908.

[53] 褚红燕, 费树岷, 刘金良, 等. 基于信号量化处理的随机时滞网络化系统的分析与设计. 控制与决策, 2011, 26(11): 1654-1659.

[54] 陈宁, 翟贵生, 桂卫华, 等. 不确定关联网络系统分散 H1 量化控制. 控制与决策, 2010, 25(1): 59-63.

[55] Vu L, Liberzon D. Stabilizing uncertain systems with dynamic quantization. Proc. of the 47th IEEE Conference on Decision and Control, 2008: 4681-4686.

[56] Fu M, Xie L. Quantized feedback control for linear uncertain systems. International Journal of Robust and Nonlinear Control, 2009, 20(8): 843-857.

[57] 祁恬, 刘寅, 苏为洲. 基于量化控制信号的线性系统的跟踪性能极限. 控制理论与应用, 2009, 26(7): 745-750.

[58] 冯宜伟, 郭戈. 一种新的量化反馈控制系统稳定性分析方法. 控制与决策, 2009, 24(5): 785-788.

[59] Zhou B, Duan G R, Lam J. On the absolute stability approach to quantized feedback control. Automatica, 2010, 46: 337-346.

[60] Xiao N, Xie L, Fu M. Stabilizagtion of Markov jump linear systems using quantized state feedback. Automatica, 2010, 46(10): 1696-1702.

[61] Coutinho D F, Fu M, De Souza C E. Input and output quantized feedback linear systems. IEEE Transactions on Automatic Control, 2010, 55(3): 761-766.

[62] Hoshina H, Tsumura K, Ishii H. The coarsest logarithmic quantizers for stabilization of linear systems with packet losses. Proc. of the 46th IEEE Conference on Decision and Control, 2007: 2235-2240.

[63] Xiao N, Xie L, Fu M. Quantized stabilization of Markov jump linear systems via state feedback. Proc. of American control conference, 2009: 4020-4025.

[64] Azuma S, Sugie T. Optimal dynamic quantizers for discrete-valued input control. Automatica, 2008, 44(2): 396-406.

[65] Azuma S, Sugie T. Synthesis of Optimal Dynamic Quantizers for Discrete-Valued Input Control. IEEE Transactions on Automatic Control, 2008, 53(9): 2064-2075.

[66] Yun S W, Choi Y J, Park P. H_2 control of continus-time uncertain linear with input quantization and matched disturbances. Automatica, 2009, 45(10): 2435-2439.

[67] Hayakawa T, Ishii H, Tsumura K. Adaptive quantized control for linear uncertain discrete-time systems. Automatica, 2009, 45(3): 692-700.

[68] Hayakawa T, Ishii H, Tsumura K. Adaptive quantized control for nonlinear uncertain systems. System & Control letters, 2009, 58(9): 625-632.

[69] Che W W, Wang J L, Yang G H. Quantised H_∞ filtering for networked systems with random sensor packet losses. IET Control Theory and Applications, 2010, 4(8): 1339-1352.

[70] Che W, Yang G. Quantized H_∞ filter design for discrete-time systems. International Journal of Control, 2009, 82(2): 195-206.

[71] Che W W, Yang G H. State feedback H_∞ control for quantized discrete-time systems. Asian Journal of Control, 2008, 10(6): 1-6.

[72] Che W W, Wang J, Yang G H. H_∞ control for networked control systems with limited communication. European Journal of Control, 2012,18(2):103-118.

[73] 褚红燕, 费树岷, 岳东. 基于 T-S 模型的非线性网络控制系统的量化保成本控制. 控制与决策, 2010, 25(1): 31-36, 42.

[74] Zhai G, Chen X, Imae J, et al. Analysis and design of H_∞ feedback control systems with two quantized signals. Proc. of the 2006 IEEE International Conference on Networking, Sensing and Control, 2006: 346-350.

[75] Che W W, Yang G H. Quantized dynamic output feedback H_∞ control for discrete time systems with quantizer ranges consideration. Acta Automatica Sinica, 2008, 34(6): 652-658.

[76] Kameneva T, Nešić D. Robustness of quantized control systems with mismatch between coder/decoder initializations. Automatica, 2009, 45(3): 817-822.

[77] Kameneva T, Nešić D. Robustness of nonlinear control systems with quantized feedback. Nonlinear Analysis: Hybrid Systems, 2010, 4(2): 306-318.

[78] De Persis C. Robustness of quantized continuous-time nonlinear systems to encoder/decoder mismatch. Proc. of 48th IEEE Conference on Decision and Controland 28th Chinese Control Conference, 2009: 13-18.

[79] Dimarogonas D V, Johansson K H. Stability analysis for multi-agent systems usingthe incidence matrix: quantized communication and information control . Automatica, 2010, 46(4): 695-700.

[80] Carli R, Bullo F, Zampieri S. Quantized average consensus via dynamic coding/decoding schemes. International Journal of Robust and Nonlinear Control,2010, 20: 156-175.

[81] Kashyap A, Basar T, Srikant R. Quantized consensus. Automatica, 2007, 43(7): 1192-1203.

[82] Li T, Fu M, Xie L, et al. Distributed consensus with limited communication data rate. 2011,

56(2): 279-292.

[83] Cai K, Ishii H. Quantized consensus and averaging on gossip digraphs. IEEE Transactions on Automatic Control, 2011, 56(9): 2087-2100.

[84] Lavaei J, Murray R M. Quantized consensus by means of gossip algorithm. IEEE Transactions on Automatic Control, 2012, 57(1): 19-32.

[85] Corradini M L, Orlando G. Robust quantized feedback stabilization of linear systems. Automatica, 2008, 44(9): 2458-2462.

[86] Itkis Y. Control Systems of Variable Structure. New York : Wiley, 1976.

[87] Utkin V I. Variable structure systems with sliding modes. IEEE Transactions on Automatic Control, 1977, 22(2): 212-222.

[88] Decarlo R A, Zak S H, Matthews G P. Variable structure control of nonlinear multivariable systems: a tutorial. Proc. of the IEEE, 1988, 76(3): 212-232.

[89] Utkin V I. Sliding Modes in Control and Optimization. Berlin: Springer, 1992.

[90] Kaynak O, Erbatur K, Ertugrul M. The fusion of computationally intelligent methodologies and sliding-mode control-a survey. IEEE Transactions on Industrial Electronics, 2001, 48(1): 4-17.

[91] Yu X, Kaynak O. Sliding-mode control with soft computing: a survey. IEEE Transactions on Industrial Electronics, 2009, 56(9): 3275-3285.

[92] 高为炳. 变结构控制的理论及设计方法. 北京: 科学出版社, 1996.

[93] Xia Y, Chen J, Liu G, et al. Robust adaptive sliding mode control for uncertain timedelay systems. International Journal of Adaptive Control and Signal Processing, 2009, 23(9): 863-881.

[94] Yan X G, Edwards C. Robust decentralized actuator fault detection and estimation for large-scale systems using a sliding mode observer. International Journal of Control, 2008, 81(4): 591-606.

[95] 邢海龙. 不确定分布系统与随机系统变结构控制设计及应用. 青岛: 中国海洋大学博士学位论文, 2006.

[96] Xia Y, Jia Y. Robust sliding-mode control for uncertain time-delay systems: an LMI approach. IEEE Transactions on Automatic Control, 2003, 48(6): 1086-1092.

[97] Yan X G, Spurgeon S K, Edwards C. Sliding mode control for time-varying delayed systems based on a reduced-order observer. Automatica, 2010, 46(8): 1354-1362.

[98] Niu Y, Ho D W C, Lam J. Robust integral sliding mode control for uncertain stochastic systems with time-varying delay.Automatica, 2005,41(5): 873-880.

[99] Ma S, Boukas E K. A singular system approach to robust sliding mode control for uncertain

Markov jump systems. Automatica, 2009, 45: 2707-2713.

[100] Niu Y, Ho D W C, Wang X. Sliding mode control for Itôstochastic systems with Markovian switcing. Automatica, 2007, 43 (10): 1784-1790.

[101] Shi P, Xia Y, Liu G P, et al. On designing of sliding-mode control for stochastic jump systems. IEEE Transactions on Automatic Control, 2006, 51(1): 97-103.

[102] Wu L, Shi P, Gao H. State estimation and sliding-mode control of Markovian jump singular systems. IEEE Transactions on Automatic Control, 2010, 55(5): 1213-1219.

[103] Levant A. Sliding order and sliding accuracy in sliding mode control. International Journal of Control, 1993, 58(6): 1247-1263.

[104] Levant A. Higher-order sliding modes, differentiation and output-feedback control. International Journal of Control, 2003, 76(9-10): 924-941.

[105] Corradini M L, Orlando G. Robust stabilization of multi-input plants with saturating acutators. IEEE Transactions on Automatic Control, 2010, 55(2): 419-425.

[106] Khoo S, Xie L, Man Z. Robust finite-time consensus tracking algorithm for multirobot systems. IEEE Transactions on Mechatronics, 2009, 14(2): 219-228.

[107] Yu X H, Man Z H. Model reference adaptive control systems with terminal sliding modes. International Journal of Control, 1996, 64(6): 1165-1176.

[108] Furuta K, Pan Y. Variable structure control with sliding sector. Automatica, 2000, 36(2): 211-228.

[109] Pan Y, Suzuki S, Furuta K. Hybrid control with sliding sector. IFAC'05 World Congress, 2005.

[110] Pan Y, Furuta K. Variable structure control with sliding sector based on hybrid switching law. International Journal of Adaptive Control Signal Processing, 2007,21(8-9): 764-778.

[111] Slotine J J, Sastry S S. Tracking control of nonlinear systems using sliding surfaces with applications to robot manipulator. International Journal of Control, 1983, 38(2): 465-492.

[112] Burton J A, Zinober A S I. Continuous approximation of variable structure control. International Journal of Systems Science, 1986, 17: 876-885.

[113] DeJager B. Comparison of methods to eliminate chattering and avoid steady state errors in sliding mode digital control. Proc. of the IEEE VSC and Lyapunov Workshop, 1992: 37-42.

[114] Heck B S, Ferri A A. Application of output feedback variable structure systems. Journal of Guidance, Control, and Dynamics, 1998, 12: 932-935.

[115] Kwan C. Further results on variable output feedback controllers. IEEE Transactions on Automatic Control, 2001, 46(9): 1505-1508.

[116] 冯正平，孙健国，刘冬．某型涡扇发动机的模型跟踪滑模控制．航空学报,1999，20(6):

533-536.

[117] Huang Y J, Kuo T C. Robust output tracking control for nonlinear time-varying robotic manipulators. Electrical Engineering, 2005, 87: 47-55.

[118] Utkin V I, Guldner I, Shi J X. Sliding Mode Control in Electro-mechanical Systems London: Taylor & Francis Group , 1999.

[119] 王洪强, 方洋旺, 伍友利. 滑模变结构控制在导弹制导中的应用综述. 飞行力学, 2009, 27(2): 11-15.

[120] Niederlinski A. A heuristic approach to the design of linear multivariable interacting control systems. Automatica, 1971, 7(6): 691-701.

[121] 周东华, 叶银忠. 现代故障诊断与容错控制. 北京: 清华大学出版社, 2000.

[122] Patton R J. Robustness issues in fault tolerant control. Proceedings of International Conference on Fault Diagnosis, 1993: 1081-1117.

[123] Patton R J. Fault-tolerant control: the 1997 Situation. Proceedings of IFAC/IMACs Symposium on Fault Detection and Safety for Technical Process, 1997: 1033-1055.

[124] 叶银忠, 潘日芳, 蒋慰孙. 多变量稳定容错控制器的设计问题. 第一届过程控制科学论文集. 1987: 203-209.

[125] 周东华, 孙优贤. 控制系统的故障检测与诊断技术. 北京: 清华大学出版社,1994.

[126] 闻新, 张洪钺, 周露. 控制系统的故障诊断和容错控制. 北京: 机械工业出版社, 2000.

[127] 王仲生. 智能容错技术及应用. 北京: 国防工业出版社, 2002.

[128] 王福利, 张颖伟. 容错控制. 沈阳: 东北大学出版社, 2003.

[129] 南英, 陈士橹, 戴冠中. 容错控制进展. 航空与航天, 1993, (4): 62-67.

[130] 周东华, 王庆林. 基于模型的控制系统故障诊断技术的最新进展. 自动化学报, 1995, 21(2): 244-248.

[131] 周东华, Ding X. 容错控制理论与应用. 自动化学报, 2000, 26(6): 788-797.

[132] Zhou D H, Frank P M. Fault diagnostics and fault-tolerant control. IEEE Transactions on Aerospace and Electronic Systems, 1998, 34(2): 420-427.

[133] Veillette R J, Medanic J V, Perkins W R. Design of reliable control systems. IEEE Transactions on Automatic Control, 1992, 37(3): 290-304.

[134] Tao G, Chen S H, Tang X D, et al. Adaptive Control of Systems with Actuator Failures. New York: Springer-Verlag, 2004.

[135] Yang G H, Wang J L, Soh Y C. Reliable H1 controller design for linear systems. Automatica, 2001, 37(5): 717-725.

[136] Caglayan A K. Evaluation of a second generation reconfiguration strategy for aircraft flight control systems subjected to actuator failure surface damage. Proceedings of the IEEE

National Aerospace and Electronic Conference, 1988: 520-529.

[137] Morse W D, Ossman K A. Model-following reconfigurable flight control system for the AFTI/ F-16. Journal of Guidance Control & Dynamics, 1990, 13(6): 969-976.

[138] Garcia E H, Ray A, Edwards RM. A reconfigurable hybrid system and its application to power plant control. IEEE Transaction on Control Systems Technology, 1995, 3(2): 157-170.

[139] Noura H, Sauter D, Hamelin F, et al. Fault-tolerant control in dynamic system: application to a winding machine . IEEE Control System Magazine, 2000: 33-49.

[140] Bonivento C, Isidori A, Marconi L, et al. Implicit fault-tolerant control: application to induction motors. Automatica, 2004, 40: 355-371.

[141] Zhou K M, Doyle J C , Glover K. Robust and optimal control. New Jersey: Prentice Hall, 1996.

[142] Siljak D D. Reliable control using multiple control systems. International Journal of Control, 1980, 31(2): 303-329.

[143] Vidyasagar M, Viswanadham N. Reliable stabilization using a multi-controller configuration. Automatica, 1985, 21(4): 599-602.

[144] Gundes A N. Controller design for reliable stabilization. Proceedings of 12th IFAC World Congress, 1993, 4: 1-4.

[145] Sebe N, Kitamori T. Control systems possessing reliability to control. Proccedings of 12th IFAC World Congress, 1993, 4: 1-4.

[146] Saeks R, Murray J. Fractional representation, algebraic geometry, and the simultaneous stabilization problem. IEEE Transaction on Automatic Control, 1982, 24(4): 895-903.

[147] Olbrot A W. Robust stabilization of uncertain systems by periodic feedback. International Journal of Control, 1987, 45(3): 747-758.

[148] Kabamba P T, Yang C. Simultaneous controller design for linear time-invariant systems. IEEE Transaction on Automatic Control, 1991, 36 (1): 106-111.

[149] Stoustrup J, Blondel V D. Fault tolerant control: a simultaneous stabilization result. IEEE Transactions on Automatic Control, 2004, 49(2): 305-310.

[150] Shimemura E, Fujita M. A design method for linear state feedback systems possessing integrity based on a solution of a Riccati-type equation . International Journal of Control, 1985, 42(4): 887-899.

[151] Gundes A N. Stability of feedback systems with sensor or actuator failures: analysis. International Journal of Control, 1992, 56(4): 735-753.

[152] 葛建华，孙优贤，周春辉. 故障系统容错能力判别的研究. 信息与控制，1989, 18(4): 8-11.

[153] Ye Y Z. Fault tolerant pole assignment for multivariable systems using a fixed state feedback. Journal of Control Theory and Applications, 1993, 10(2): 212-218.

[154] 程一, 朱宗林, 高金陵. 使闭环系统对执行器失效具有完整性的动态补偿器设计. 自动化学报, 1990, 16(4): 297-301.

[155] 王子栋, 郭治. 线性连续随机系统的容错约束方差控制设计. 自动化学报, 1996, 22(4): 501-503.

[156] Veillette R J. Reliable linear-quadratic state-feedback control. Automatica, 1995, 31(1): 137-143.

[157] Yang Y, Yang G H, Soh Y C. Reliable control of discrete-time systems with actuator failure. IEE Proceedings-Control Theory and Applications, 2000, 47(4): 428-432.

[158] Shor M H, Perkins W R, Medanic J V. Design of reliable decentralized controllers: a unified continuous / discrete formulations. International Journal of Control, 1992, 56(4): 943-956.

[159] Liao F, Wang J L , Yang G H. Reliable robust flight tracking control: an LMI approach. IEEE Transactions on Control Systems Technology, 2002, 10(1): 76-89.

[160] Feng L, Wang J L, Poh E et al. Reliable H1 aircraft flight controller design against faults with state/output feedback. In Proceeding of the 2005 American Control Conference, 2005: 2664-2669.

[161] Wu H N. Reliable LQ fuzzy control for continuous-time nonlinear systems with actuator faults. IEEE Transactions on Systems, Man, and Cybernetics-part B: Cybernetics, 2004, 34(4): 1743-1752.

[162] Wu H N, Zhang H Y. Reliable H_∞ fuzzy control for continuous-time nonlinear systems with actuator failures. IEEE Transactions on Fuzzy Systems, 2006, 14(5): 609-618.

[163] Cheng C, Zhao Q. Reliable control of uncertain delayed systems with integral quadratic constraints. IET Control Theory & Applications, 2004, 151(6): 790-796.

[164] Maki M, Jiang J, Hagino K. A stability guaranteed active fault-tolerant control system against actuator failures. International Journal of Robust Nonlinear Control, 2004, 14(12): 1061-1077.

[165] 葛建华, 孙优贤, 周春辉. 状态反馈控制系统的容错控制策略. 自动化学报, 1991, 17(2): 191-197.

[166] Chen J, Patton R J, Chen Z. An LMI approach to fault-tolerant control of uncertain systems. In Proceedings of the IEEE International Symposium on Intelligent Control, 1998: 175-180.

[167] Qiao H, Liang J C, Chang X H. Reliable and adaptive compensation controller design for continuous-time systems with actuator failures. In Proceedings of Chinese Control and Decision Conference, 2008: 4700-4705.

[168] Moerder D D, Broussard J R, Caglayan A K, et al. Application of pre-computed control law in a reconfigurable aircraft flight control system. Journal of Guidance Control & Dynamics,

1989, 12 (3): 325-333.

[169] Lawrence D, Rugh W. Gain scheduling dynamic linear controllers for nonlinear plant. Automatica, 1995, 31(3): 381-388.

[170] Jiang J. Design of reconfigurable control systems using eigenstructure assignments. International Journal of Control, 1994, 59(2): 394-410.

[171] Jiang J, Zhao Q. Fault tolerant control system synthesis using imprecise fault identification and reconfigurable control. Proceedings of the 1998 IEEE ISIC/CIRA/ISAS Joint Conference, 1998: 169-174.

[172] Zhang Y M, Jiang J. Design of proportional-integral reconfigurable control systems via eigenstructure assignment. Proceedings of the American Control Conference, 2000: 3732-3736.

[173] Zhang Y M, Jiang J. Fault tolerant control systems design with consideration of performance degradation. Proceedings of the American Control Conference, 2001: 2693-2699.

[174] Ahmed-Zaid F, Ioannou P, Gousman K, et al. Accommodation of failures in the F-16 aircraft using adaptive control. IEEE Control Systems, 1991, 11(1): 73-78.

[175] Darouach M, Zasadzinski M. Unbiased minimum variance estimation for systems with unknown exogenous inputs. Automatica, 1997, 33(4): 717-719.

[176] Yang G H, Ye D. Adaptive fault-tolerant tracking control against actuator faults with application to flight control. IEEE Transactions on Control System Technology, 2006, 14(6): 1088-1096.

[177] Ye D, Yang G H. Adaptive reliable H1 control for linear time-delay systems via memory state feedback. IET Control Theory & Applications, 2007, 1(3): 713-721.

[178] Ye D, Yang G H. Adaptive fault-tolerant dynamic output feedback control for a class of linear time-delay systems. International Journal of Control, Automation, and Systems, 2008, 6(2): 149-159.

[179] Tao G, Joshi S M, Ma X L. Adaptive state feedback and tracking control of systems with actuator failures. IEEE Transactions on Automatic Control, 2001, 46(1): 78-95.

[180] Tao G, Chen S H, Joshi S M. An adaptive control scheme for systems with actuator failures. Automatica, 2002, 38(6): 1027-1034.

[181] Wang L F, Huang B, Tan K C. Fault-tolerant vibration control in a networked and embedded rocket fairing system. IEEE Transactions on Industrial Electronics, 2004, 51(6): 1127-1141.

[182] Liu Y, Tang X D, Tao G, et al. Adaptive compensation of aircraft actuation failures using an engine differential model. IEEE Transactions on Control Systems Technology, 2008, 16(5): 971-982.

[183] Tang X D, Tao G, Joshi S M. Adaptive actuator failure compensation for nonlinear MIMO systems with an aircraft control application. Automatica, 2007, 43(11): 1869-1883.

[184] Belkharraz A I, Sobel K. Simple adaptive control for aircraft control surface failures. IEEE Transactions on Aerospace and Electronic Systems, 2007, 43(2): 600- 611.

[185] Bodson M, Groszkiewicz J. Multivariable adaptive algorithms for reconfigurable flight control. IEEE Transactions on Control Systems Technology, 1997, 5(2): 217-229.

[186] Wise K A, Brinker J S, Calise A J, et al. Direct adaptive reconfigurable flight control for a tailless advanced fighter aircraft. International Journal of Robust and Nonlinear Control, 1999, 9(14): 999-1012.

[187] Narendra K S, Balakrishnan J. Adaptive control using multiple modes. IEEE Transactions on Automatic Control, 1997, 42(2): 171-187.

[188] 刘金琨. 滑模变结构控制 MATLAB 仿真. 北京: 清华大学出版社, 2005.

[189] Popov V M. Hyperstability of Control System. Berlin: Springer-Verlag, 1973.

[190] Petersen I R. A stabilization algorithm for a class of uncertain linear systems. Systems & Control Letters, 1987, 8(4): 351-357.

[191] 俞立. 鲁棒控制——线性矩阵不等式. 北京: 清华大学出版社, 2002.

[192] Khalil H K. Nonlinear Systems (Third Eidtion). Beijing: Publishing House of Electronics Industry, 2007.

[193] Edwards C, Spurgeon S K. Sliding Mode Control: Theory and Applications. London: Taylor and Francis Ltd, 1998.

[194] Hung J Y, Gao W B, Hung J C. Variable structure control: a survey. IEEE Transations on Industrial Electronics, 1993, 40(1): 2-22.

[195] Picasso B, Colaneri P. On the stabilization of linear systems under assigned I/O quantization. IEEE Transactions on Automatic Control, 2007, 52(10): 1994-2000.

[196] Yue D, Peng C, Tang G. Guaranteed cost control of linear systems over networks with state and input quantisations. IEE Proceeding: Control Theory and Applications, 2006, 153: 658-664.

[197] Zhai G, Mi Y, Joe I, et al. Design of H_∞ feedback control systemswith quantized signals. roc. of the 6th IFAC Congress, 2005: 1915-1920.

[198] Bullo F, Liberzon D. Quantized control via locational optimization. IEEE Transactions on Automatic Control, 2006, 51(1): 2-13.

[199] Guan Y, Zhou S, Zheng W. H_∞ dynamic output feedback control for fuzzy systems with quantized measurements. Proc. of the 28th Chinese Control Conference, 2009: 7765-7770.

[200] Guo G, Jin H. A switching system approach to actuator assignment with limited channels. International Journal of Robust and Nonlinear Control, 2010, 20(12): 1407-1426.

[201] Bicchi A, Marigo A, Piccoli B. On the reachability of quantized control systems. IEEE Transactions on Automatic Control, 2002, 47(4): 564-563.

[202] Fridman E, Dambrine M. Control under quantization, saturation and delay: an LMI approach. Automatica, 2009, 45(10): 2258-2264.

[203] Li K, Baillieul J. Robust quantization for digital finite communication bandwidth(DFCB) control. IEEE Transactions on Automatic Control, 2004, 49(9): 1573-1597.

[204] Ling Q, Lemmon M D, Lin H. Asymptotic stabilization of dynamically quantized nonlinear systems in feedforward form. Journal of Control Theory and Applications, 2010, 8(1): 27-33.

[205] Shyu K K, Tsai Y W, Lai C K. A dynamic output feedback controllers for mismatched uncertain variable structure systems. Automatica, 2001, 37(5): 775-779.

[206] Ha Q P, Trinh H, Nguyen H T, et al. Dynamic output feedback sliding-mode control using pole placement and linear functional observers. IEEE Transationson Industrial Electronics, 2003, 50(5): 1030-1037.

[207] Emelynov S V, Korovin S K, Mamedov I G. Variable Structure Control Systems:Discrete and Digita. Moscow: Mir Publishers, 1995.

[208] Choi H H. Sliding-mode output feedback control design. IEEE Transactions on Industrial Electronics, 2008, 55(11): 4047-4054.

[209] Yan X G, Edwards C, Spurgeon S K. Output feedback sliding mode control fornon-minimum phase systems with non-linear disturbances. International Journal of Control, 2004, 77(15): 1353-1361.

[210] Yan X G, Spurgeon S K, Edwards C. On discontinuous static output feedback control linear systems with nonlinear disturbances. Systems & Control Letters, 2009, 58(5): 314-319.

[211] Clarke F H, Ledyaev Y S, Sontag E D, Subbotin A I. Asymptotic controllability implies feedback stabilization. IEEE Transactions on Automatic Control, 1997,42(10): 1394-1407.

[212] Ledyaev Y, Sontag E D. A Lyapunov characterization of robust stabilization. Nonlinear Analysis, 1999, 37(7): 813-840.

[213] Cepeda A, Astolfi A. Control of a planar system with quantized and saturated input/output. IEEE Transactions on Circuits and Systems I Regular Papers, 2008, 55(3): 932-942.

[214] Cunha F B, Pagano D J, Moreno U F. Sliding bifurcations of equilibria in planar variable structure systems. IEEE Transactions on Circuits and Systems I Fundamental Theory and Applications, 2003, 50(8): 1129-1134.

[215] Margaliot M, Langholz G. Necessary and sufficient conditions for absolute stability: the case of second-order systems. IEEE Transactions on Circuits and Systems I Fundamental Theory and Applications, 2003, 50(2): 227-234.

[216] Xu X, Antsaklis P J. Stabilization of second-order LTI switched systems. International Journal of Control, 2000, 73(14): 1261-1279.

[217] Fagnani F, Zampieri S. Stability analysis and synthesis for scalar linear systems with a quantized feedback. IEEE Transactions on Automatic Control, 2003, 48(9): 1569-1584.

[218] Fagnani F, Zampieri S. A symbolic approach to performance analysis of quantized feedback systems: the scalar case. SIAM Journal of Control Optimization, 2005, 44(3): 816-866.

[219] Bartolini G, Ferrara A, Giacomoni L. A switching controller for systems with hard uncertainties. IEEE Transactions on Circuits and Systems I Fundamental Theory and Applications, 2003, 50(8): 984-990.

[220] Kaloust J, Qu Z. Robust control design for nonlinear uncertain systems with an unknown time-varying control direction. IEEE Transations on Automatic Control, 1997, 42(3): 393-399.

[221] Delvenne J C. An optimal quantized feedback strategy for scalar linear systems. IEEE Transactions on Automatic Control, 2006, 51(2): 298-303.

[222] Choi H H. An explicit formula of linear sliding surfaces for a class of uncertain dynamic systems with mismatched uncertainties. Automatica, 1998, 34(8): 1015-1020.

[223] Tang X D, Tao G, Wang L F, et al. Robust and adaptive actuator failure compensation designs for a rocket fairing structural-acoustic model. IEEE Transations on Aerospace and Electronic Systems, 2004, 40(4): 1359-1366.

[224] Jin X Z, Yang G H. Robust adaptive fault-tolerant compensation control with actuator failures and bounded disturbances . Acta Automatica Sinica, 2009, 35(3): 305-309.

[225] Zheng B C, Yang G H. Robust quantized feedback stabilization of linear systems based on sliding mode control. Optimal Control Applications and Methods, 2013, 34(4): 458-471.

[226] Zheng B C, Yang G H. Quantised feedback stabilisation of planar systems via switching-based sliding-mode control. IET Control Theory & Applications, 2012, 6(1): 149-156.

[227] Zheng B C, Yang G H. Further results on quantized feedback sliding mode control of linear uncertain systems. Proceedings of 24th Chinese Control and Decision Conference, 2012: 4249-4253.

[228] Choi H H. Output feedback variable structure control design with an H_2 performance bound constraint. Automatica, 2008, 44(9): 2403-2408.

[229] Bag S K, Edwards C, Spurgeon S K. Output feedback sliding mode design for linear uncertain systems. IET Control Theory & Applications, 1997, 144(3): 209-216.

[230] Edwards C, Spurgeon S K. Output feedback variable structure control for linear systems with

uncertainties and disturbance. International Journal of Control, 1998, 71(4): 601-614.

[231] Edwards C, Spurgeon S K. Linear matrix inequality methods for designing sliding mode output feedback controllers. IET Control Theory & Applications, 2003, 150(5): 539-545.

[232] Edwards C, Spurgeon S K. Sliding mode stabilization of uncertain systems using only output information. International Journal of Control, 1995, 62(5): 1129-1144.

[233] Jin X Z, Yang G H. Robust fault-tolerant controller design for linear time invariant systems with actuator failures: an indirect adaptive method. Journal of Control Theory and Application, 2010, 8(4): 471-478.

[234] Jin X Z, Yang G H. Robust H_∞ and adaptive tracking control against actuator faults with a linearised aircraft application. International Journal of Systems Science, 2013, 44(1): 151-165.

[235] Zheng B C, Yang G H. Quantized output feedback stabilization of uncertain systems with input nonlinearities via sliding mode control. International Journal of Robust and Nonlinear Control, 2014, 24(2):228-246.

[236] Li X J, Yang G H. Robust adaptive fault tolerant control for uncertain linear systems with actuator failures. IET Control Theory & Application, 2012, 6(10): 1544-1551.